中国高等教育"十二五"规划教材

Illustrator 中文版
CC 艺术设计精粹

案例教程

吴华堂 祝恒威 陶卫丽 主 编
曹小琴 韩 枫 瞿颖健 副主编

U0245054

中国青年出版社
CHINA YOUTH PRESS 中青雄狮

律师声明

　　北京市中友律师事务所李苗苗律师代表中国青年出版社郑重声明：本书由著作权人授权中国青年出版社独家出版发行。未经版权所有人和中国青年出版社书面许可，任何组织机构、个人不得以任何形式擅自复制、改编或传播本书全部或部分内容。凡有侵权行为，必须承担法律责任。中国青年出版社将配合版权执法机关大力打击盗印、盗版等任何形式的侵权行为。敬请广大读者协助举报，对经查实的侵权案件给予举报人重奖。

侵权举报电话

全国"扫黄打非"工作小组办公室　　　　　　中国青年出版社

010-65233456 65212870　　　　　　　　010-50856028

http://www.shdf.gov.cn　　　　　　　　　E-mail: editor@cypmedia.com

图书在版编目（CIP）数据

中文版Illustrator CC艺术设计精粹案例教程 / 吴华堂，祝恒威，陶卫丽主编.
— 北京: 中国青年出版社, 2015.11
ISBN 978-7-5153-3845-3
I.①中… II.①吴… ②祝… ③陶… III.①图形软件–教材 IV.①TP391.41
中国版本图书馆CIP数据核字（2015）第219995号

中文版Illustrator CC艺术设计精粹案例教程

吴华堂 祝恒威 陶卫丽 主 编
曹小琴 韩 枫 瞿颖健 副主编

出版发行　中国青年出版社
地　　址：北京市东四十二条21号
邮政编码：100708
电　　话：（010）50856188 / 50856199
传　　真：（010）50856111
企　　划：北京中青雄狮数码传媒科技有限公司
策划编辑：张 鹏
责任编辑：刘冰冰
封面制作：吴艳蜂

印　　刷：北京瑞禾彩色印刷有限公司
开　　本：787×1092 1/16
印　　张：14.5
版　　次：2015 年 11 月北京第 1 版
印　　次：2015 年 11 月第 1 次印刷
书　　号：ISBN 978-7-5153-3845-3
定　　价：55.00 元（附赠 1 光盘，含语音视频教学＋素材文件）

本书如有印装质量等问题，请与本社联系
电话：（010）50856188 / 50856199
读者来信：reader@cypmedia.com
投稿邮箱：author@cypmedia.com
如有其他问题请访问我们的网站: http://www.cypmedia.com

PREFACE

中文版
Illustrator CC
艺术设计精粹案例教程

前 言

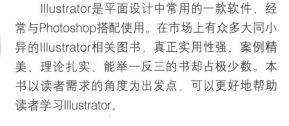

Illustrator是平面设计中常用的一款软件，经常与Photoshop搭配使用。在市场上有众多大同小异的Illustrator相关图书，真正实用性强、案例精美、理论扎实、能举一反三的书却占极少数。本书以读者需求的角度为出发点，可以更好地帮助读者学习Illustrator。

首先感谢读者朋友选择并阅读此书。

本书以平面设计软件Illustrator CC作为平台，向读者介绍了平面设计中常用的操作方法和设计要领。本书结合了大量的理论知识作为依据，并且每章安排大量的精彩案例，让读者不仅对软件有全面的理解和认识，更对设计行业的方法和要求有更深层次的感受。在本书的最后5章，以大型的案例讲解平面设计中最常用的几个方向，完整地介绍了大型项目实例的制作流程和操作技巧。

软件简介 :::::::::::::::::::::::::::::::

Adobe Illustrator CC是一款矢量软件，它广泛应用于印刷、海报、书籍排版、插画、多媒体图像处理和互联网页面的制作等方面，是目前最流行的矢量制图软件之一。Illustrator以其便捷实用的功能以及友好的操作界面，深受广大设计师的欢迎。

本书内容概述

章 节	内 容
Chapter 01	主要讲解了Illustrator CC的入门、安装与启动、文档的创建与使用等
Chapter 02	主要讲解了线型绘图工具、图形绘制工具等的使用方法
Chapter 03	主要讲解了矢量图形的编辑使用方法
Chapter 04	主要讲解了对象填充与描边的设置方法
Chapter 05	主要讲解了文字的创建、编辑方法和操作技巧
Chapter 06	主要讲解了各种效果的参数详解以及应用技巧
Chapter 07	主要讲解了透明度面板、对象"外观"、图形样式面板的使用
Chapter 08	主要讲解了Illustrator在 DM设计中的使用，对常见的DM形式和DM设计原则进行了介绍
Chapter 09	主要讲解了网页设计，对网页的基础知识及网页版式进行了介绍
Chapter 10	主要讲解了书籍装帧设计，对书籍的组成、开本、装订进行了介绍
Chapter 11	主要讲解了包装设计，对包装的概念、原则、构成进行了介绍
Chapter 12	主要讲解了导向设计，对导向的概念、原则、组成部分进行了介绍

赠送超值光盘

为了帮助读者更轻松地学习本书，特在随书光盘中附赠了如下学习资料：

- 书中全部实例的素材文件，方便读者高效学习；
- 语音教学视频，手把手教你学，让学习变得更简单；
- 海量设计素材赠送，提高工作效率，真正做到物有所值。

适用读者群体

本书是引导读者轻松掌握Illustrator CC的最佳途径，适合的读者群体如下：

- 高等院校刚刚接触Illustrator CC的莘莘学子；
- 各大中专院校相关专业及Illustrator培训班学员；
- 平面设计、网页设计、装帧设计、包装设计、导向设计的初学者；
- 从事艺术设计相关工作的设计师；
- 对Illustrator平面设计感兴趣的读者。

本书由从事艺术设计类相关专业的教师编写，全书理论结合实践，不仅有丰富的设计理论，而且搭配了大量实用的案例，并配有课后练习。由于编者能力有限，书中不足之处在所难免，敬请广大读者批评指正。

编 者

CONTENTS

中文版
Illustrator CC
艺术设计精粹案例教程

目 录

Part 01 基础知识篇

Chapter 01 Illustrator CC 入门

1.1 认识Adobe Illustrator CC ·················· 012

1.2 安装与启动Illustrator ····················· 012

　　1.2.1 安装Illustrator ······················ 012

　　1.2.2 启动Illustrator ······················ 014

1.3 文档的创建与使用 ························ 015

　　1.3.1 新建文档 ··························· 015

　　案例项目 创建一个用于打印的文档 ··········· 016

　　1.3.2 打开文档 ··························· 018

　　1.3.3 存储文件 ··························· 019

　　1.3.4 置入文件 ··························· 019

　　案例项目 置入素材制作杂志封面 ············· 021

　　1.3.5 导出文件 ··························· 022

　　1.3.6 恢复图像 ··························· 023

　　1.3.7 打印文档 ··························· 024

　　1.3.8 关闭文件 ··························· 024

1.4 图像文档的操作方法 ······················ 025

　　1.4.1 画板的创建与编辑 ··················· 025

　　1.4.2 调整文档显示比例与显示区域 ··········· 026

　　1.4.3 设置多个文档的显示方式 ··············· 028

　　1.4.4 辅助工具 ··························· 029

　　1.4.5 操作的还原与重做 ··················· 030

　知识延伸 矢量图形与路径 ················· 031

　上机实训 根据所学内容完成一个完整的

　　　　　案例 ···························· 032

　课后练习 ······························· 034

Chapter 02 绘图

2.1 线型绘图工具 ·················· 035
  2.1.1 直线段工具 ·················· 035
  2.1.2 弧形工具 ···················· 036
  2.1.3 螺旋线工具 ·················· 036
  2.1.4 矩形网格工具 ················ 036
  2.1.5 极坐标网格工具 ·············· 037
2.2 图形绘制工具 ·················· 038
  2.2.1 矩形工具 ···················· 038
  2.2.2 圆角矩形工具 ················ 038
  2.2.3 椭圆工具 ···················· 039
  2.2.4 多边形工具 ·················· 039
  2.2.5 星形工具 ···················· 039
  2.2.6 光晕工具 ···················· 040
  案例项目 使用椭圆工具与钢笔工具制作
      蓝精灵招贴 ·················· 040
2.3 选择对象 ······················ 042
  2.3.1 选择工具 ···················· 042
  2.3.2 直接选择工具 ················ 043
  2.3.3 编组选择工具 ················ 044
  2.3.4 魔棒工具 ···················· 044
  2.3.5 套索工具 ···················· 045
  2.3.6 使用"选择"菜单命令 ········ 045
2.4 钢笔工具工具组 ················ 046
  2.4.1 认识钢笔工具 ················ 046
  2.4.2 绘制与调整路径 ·············· 047
2.5 画笔工具 ······················ 049
  2.5.1 使用画笔工具 ················ 049
  2.5.2 使用画笔库 ·················· 050
  2.5.3 定义新画笔 ·················· 051
2.6 铅笔工具工具组 ················ 052
  2.6.1 铅笔工具 ···················· 052
  2.6.2 平滑工具 ···················· 052
  2.6.3 路径橡皮擦工具 ·············· 053
2.7 斑点画笔工具 ·················· 053
2.8 橡皮擦工具组 ·················· 054
  2.8.1 橡皮擦工具 ·················· 054
  2.8.2 剪刀工具 ···················· 055
  2.8.3 刻刀工具 ···················· 055
  案例项目 使用剪刀工具制作分割效果LOGO ··· 055
2.9 符号工具 ······················ 057
2.10 图表工具 ····················· 060
  2.10.1 认识各类图表工具 ·········· 061
  2.10.2 创建图表 ·················· 062
知识延伸 创建艺术化的图表 ········· 063
上机实训 使用多种绘图工具制作网站
     首页 ·························· 064
课后练习 ···························· 067

Chapter 03 矢量图形的编辑

3.1 对象的变换 ···················· 068
  3.1.1 移动对象 ···················· 068
  3.1.2 旋转对象 ···················· 068
  3.1.3 镜像对象 ···················· 069
  3.1.4 比例缩放工具 ················ 069
  3.1.5 倾斜对象 ···················· 070
  3.1.6 再次变换对象 ················ 070
  3.1.7 分别变换对象 ················ 071
  3.1.8 使用"整形工具"改变对象形状 ··· 071
  3.1.9 自由变换工具 ················ 072
  3.1.10 封套扭曲变形 ·············· 073
3.2 编辑路径对象 ·················· 075
  3.2.1 "连接"命令 ················ 075
  3.2.2 "平均"命令 ················ 076

3.2.3 "轮廓化描边"命令····················076

3.2.4 "偏移路径"命令·······················077

3.2.5 "简化"命令····························077

3.2.6 "添加锚点"命令·······················077

3.2.7 "移去锚点"命令·······················077

3.2.8 "分割为网格"命令·····················078

3.2.9 "清理"命令····························078

3.2.10 "路径查找器"面板····················078

3.2.11 形状生成器工具·······················080

案例项目 使用"路径查找器"面板制作

圆环海报································080

3.3 对象变形工具···························082

3.3.1 宽度工具······························082

3.3.2 变形工具······························083

3.3.3 旋转扭曲工具··························083

3.3.4 缩拢工具······························083

3.3.5 膨胀工具······························084

3.3.6 扇贝工具······························084

3.3.7 晶格化工具····························085

3.3.8 褶皱工具······························085

案例项目 使用液化变形工具制作清爽户外

广告····································085

3.4 混合工具·······························088

3.4.1 创建混合······························088

3.4.2 设置混合选项··························090

3.5 透视图工具组···························090

3.5.1 透视网格工具··························090

3.5.2 创建透视对象··························091

3.6 对象的管理·····························093

3.6.1 复制、剪切、粘贴·····················093

3.6.2 对齐与分布对象·······················094

3.6.3 编组对象······························095

3.6.4 锁定对象······························096

3.6.5 隐藏对象······························096

3.6.6 对象的排序····························096

3.7 对位图进行图像描摹·····················097

3.8 使用"剪切蒙版"调整对象显示范围···098

知识延伸 利用图层管理对象··················099

上机实训 制作欧美风格矢量人物海报·······099

课后练习···································101

4.1 认识填充与描边·························102

4.1.1 什么是填充····························102

4.1.2 什么是描边····························102

4.1.3 应用颜色控制组件设置填充和描边·····103

4.2 快速设置填充与描边·····················104

4.2.1 使用"颜色"面板设置填充和描边

颜色····································104

4.2.2 使用"色板"面板设置填充和描边

颜色····································105

案例项目 使用图案填充制作创意店铺宣传

海报····································107

4.3 渐变的编辑与应用·······················109

4.3.1 "渐变"面板的使用····················109

4.3.2 使用"渐变工具"调整渐变形态·······111

4.4 设置对象描边属性·······················111

4.5 使用"吸管工具"复制对象属性·········112

4.6 实时上色工具···························113

4.6.1 使用"实时上色工具"·················113

4.6.2 使用"实时上色选择工具"·············114

4.6.3 扩展与释放实时上色组·················114

案例项目 使用实时上色工具制作多彩名片·····114

4.7 网格工具·······························117

4.7.1 使用网格工具改变对象颜色·············117

4.7.2 使用网格工具调整对象形态·············119

知识延伸 自定义图案························119

上机实训 制作图文混排的杂志内页版式·····120

课后练习···································123

Chapter 05 文字

5.1 创建不同类型的文字 ·················· 124
　　5.1.1 创建点文字 ···················· 124
　　5.1.2 创建段落文字 ················· 125
　　5.1.3 创建区域文字 ················· 125
　　5.1.4 创建路径文字 ················· 126
　　5.1.5 插入特殊字符 ················· 126
　　案例项目 使用文字工具制作文字版面 ··· 126
5.2 文字的基本格式设置 ·············· 128
　　5.2.1 编辑文字的基本属性 ········· 128
　　5.2.2 使用"字符"面板设置文字属性 ·· 129
　　5.2.3 使用"段落"面板设置文字属性 ·· 129
　　5.2.4 设置文本排列方向 ··········· 131
　　案例项目 使用文字工具制作杂志排版 ·· 132
5.3 文字的编辑和处理 ················ 135
　　5.3.1 修饰文字工具 ················· 135
　　5.3.2 文本框的串联操作 ··········· 135
　　5.3.3 查找和替换文字字体 ········· 136
　　5.3.4 更改文字大小写 ············· 136
　　5.3.5 文字绕图排列 ··············· 137
　　5.3.6 为文字创建轮廓 ············· 137
　　5.3.7 拼写检查 ···················· 138
　　5.3.8 智能标点 ···················· 138
　　5.3.9 使用制表符 ················· 139
5.4 文字样式的应用 ··················· 139
　　5.4.1 创建字符样式/段落样式 ······ 139
　　5.4.2 使用字符样式和段落样式 ····· 140
　　知识延伸 通过"置入"命令添加大量
　　　　　　文字 ························ 142
　　上机实训 使用文字工具制作三折页效果 ·· 143
　　课后练习 ···························· 145

Chapter 06 效果

6.1 "效果"菜单的应用 ················ 146
　　6.1.1 为对象应用效果 ············· 146
　　6.1.2 栅格化效果 ················· 146
　　6.1.3 修改或删除效果 ············· 147
6.2 使用3D效果组 ···················· 147
　　6.2.1 "凸出和斜角"效果 ··········· 147
　　6.2.2 "绕转"效果 ················· 149
　　6.2.3 "旋转"效果 ················· 149
　　案例项目 使用3D效果制作立体标志 ·· 150
6.3 "SVG滤镜" ······················· 151
　　6.3.1 认识"SVG滤镜" ············· 151
　　6.3.2 编辑"SVG滤镜" ············· 152
　　6.3.3 自定义"SVG滤镜" ··········· 152
6.4 使用"变形"效果 ·················· 152
6.5 "扭曲和变换"效果组 ·············· 154
　　6.5.1 "变换"效果 ················· 154
　　6.5.2 "扭拧"效果 ················· 154
　　6.5.3 "扭转"效果 ················· 155
　　6.5.4 "收缩和膨胀"效果 ··········· 155
　　6.5.5 "波纹"效果 ················· 155
　　6.5.6 "粗糙化"效果 ··············· 156
　　6.5.7 "自由扭曲"效果 ············· 156
6.6 "路径"效果组 ···················· 157
　　6.6.1 "位移路径"效果 ············· 157
　　6.6.2 "轮廓化对象"效果 ··········· 158
　　6.6.3 "轮廓化描边"效果 ··········· 158
　　6.6.4 "路径查找器"效果 ··········· 158
6.7 "转换为形状"效果组 ·············· 160
　　6.7.1 "矩形"效果 ················· 160
　　6.7.2 "圆角矩形"效果 ············· 160
　　6.7.3 "椭圆"效果 ················· 161

6.8 使用"风格化"效果组 ······161
　　6.8.1 "内发光"效果 ······ 161
　　6.8.2 "圆角"效果 ······ 161
　　6.8.3 "外发光"效果 ······ 162
　　6.8.4 "投影"效果 ······ 162
　　6.8.5 "涂抹"效果 ······ 163
　　6.8.6 "羽化"效果 ······ 163
6.9 使用Photoshop效果 ······164
　　6.9.1 使用"效果画廊" ······ 164
　　6.9.2 "像素化"效果组 ······ 164
　　案例项目 使用彩色半调制作运动海报 ······ 165
　　6.9.3 "扭曲"效果组 ······ 168
　　6.9.4 "模糊"效果组 ······ 168
　　6.9.5 "画笔描边"效果组 ······ 169
　　6.9.6 "素描"效果组 ······ 170
　　6.9.7 "纹理"效果组 ······ 171
　　6.9.8 "艺术效果"效果组 ······ 172
　　6.9.9 "视频"效果组 ······ 174
　　6.9.10 "风格化"效果 ······ 174

知识延伸 矢量图转换为位图 ······ 174
上机实训 使用多种效果制作网页
　　　　促销广告 ······ 175

课后练习 ······ 179

Chapter 07 外观与样式

致青春·跨界

设计学院研究生
四人作品联展

7.1 "透明度"面板 ······180
　　7.1.1 "混合模式"设置 ······ 181
　　7.1.2 "不透明度"设置 ······ 183
　　7.1.3 "不透明度蒙版"的应用 ······ 183
　　案例项目 应用"透明度"面板制作展览
　　　　　宣传海报 ······ 185
7.2 设置对象的外观属性 ······187

　　7.2.1 认识"外观"面板 ······ 187
　　7.2.2 修改对象外观属性 ······ 187
　　7.2.3 管理对象外观属性 ······ 189
7.3 "图形样式"面板 ······189
　　7.3.1 使用图形样式 ······ 190
　　7.3.2 创建图形样式 ······ 190
　　7.3.3 合并图形样式 ······ 191
　　案例项目 使用图形样式制作艺术字 ······ 191

知识延伸 调整样式库显示方式 ······ 193
上机实训 游戏登录界面设计 ······ 193
课后练习 ······ 199

Part 02 综合案例篇

Chapter **08** DM 设计

8.1 行业知识导航 ························· 202
  8.1.1 认识DM ························· 202
  8.1.2 常见的DM形式 ················· 202
  8.1.3 DM广告的设计原则 ············· 203
8.2 休闲食品三折页DM广告 ············· 203

Chapter **09** 网页设计

9.1 行业知识导航 ························· 207
  9.1.1 认识网页设计 ················· 207
  9.1.2 网页的常用版式 ··············· 208
9.2 餐厅网站首页 ······················· 210

Chapter **10** 书籍装帧设计

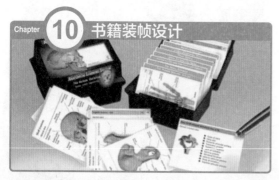

10.1 行业知识导航 ······················ 214
  10.1.1 书籍的组成部分 ·············· 214

10.1.2 常见的书籍开本 ·············· 215
10.1.3 书籍的装订方式 ·············· 215
10.2 现代风格书籍封面设计 ············· 216

Chapter **11** 包装设计

11.1 行业知识导航 ······················ 219
  11.1.1 认识包装设计 ··············· 219
  11.1.2 包装的设计原则 ·············· 219
  11.1.3 包装的基本构成部分 ·········· 220
11.2 盒装食品包装设计 ·················· 221

Chapter **12** 导向设计

12.1 行业知识导航 ······················ 226
  12.1.1 认识导向设计 ··············· 226
  12.1.2 导向系统的设计原则 ·········· 226
  12.1.3 导向系统的基本组成部分 ······ 227
12.2 办公楼导向系统设计 ··············· 228

附录 课后习题参考答案 ················· 232

01

基础知识篇

基础知识篇包含7章，主要对Illustrator CC
各知识点的概念及应用进行了详细介绍，
熟练掌握这些理论知识，将为后期学习
综合应用中的大型案例奠定良好的学习
基础。

01 Illustrator CC入门

02 绘图

03 矢量图形的编辑

04 填充与描边

05 文字

06 效果

07 外观与样式

01 Illustrator CC入门

本章概述

本章是学习Adobe Illustrator CC的第一步，在本章节中首先认识一下Adobe Illustrator CC，简单了解Adobe Illustrator CC的安装与启动方式。接下来重点学习文档的创建与使用方法，在此基础上掌握图片文档的缩放、平移，以及辅助工具的使用方法。

核心知识点

❶ 掌握文档新建、打开、储存的方法

❷ 掌握在Illustrator 中查看文档的方法

1.1 认识Adobe Illustrator CC

Adobe Illustrator CC是一款矢量软件，它广泛应用于印刷、海报、书籍排版、插画、多媒体图像处理和互联网页面的制作等方面，是目前最流行的矢量制图软件之一。Illustrator以其便捷实用的功能以及友好的操作界面深受广大设计师的欢迎，下面两个图为Illustrator CC启动界面和窗口。

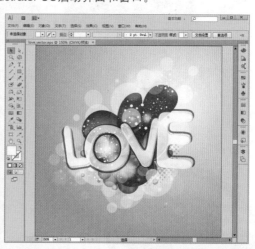

提示 Adobe Illustrator作为一款矢量制图软件，在位图图像处理方面并不占优势，所以常与Adobe Photoshop结合使用。

1.2 安装与启动Illustrator

在学习与使用Illustrator前需要安装这个软件，Illustrator CC版本的安装方式与之前版本安装方法大不相同，它采用"云端"的方式安装和付费。在本节中主要讲解如何利用Creative Cloud安装和启动Illustrator CC。

1.2.1 安装Illustrator

Illustrator CC已经进入了云时代，安装方式与以往的版本不同，是采用一种"云端"付费方式。在安装使用Illustrator CC前，用户可以按月或按年付费订阅，也可以订阅全套产品。Adobe公司非常贴心，可以让用户免费试用这款软件，所以我们可以在不付费的前提下免费试用1个月。下面两个图分别为Adobe Creative Cloud图标和界面。

01 在安装软件之前需要安装Creative Cloud。打开Adobe的官方网站：www.adobe.com，单击导航栏的Products（产品）按钮，然后选择Adobe Creative Cloud选项，如下左图所示。然后在打开的界面中选择产品的使用方式，单击Join按钮为进行购买，单击Try按钮为免费试用，试用期为30天。在这里单击Try按钮，如下右图所示。

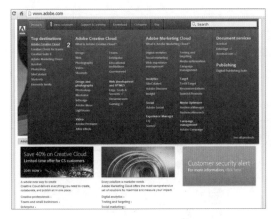

02 在打开的界面中单击Creative Cloud图标右侧的"下载"按钮，如下左图所示。在接下来打开的界面中继续单击"下载"按钮，如下右图所示。

03 在弹出的登录界面中，需要用户登录AdobeID，如果没有AdobeID可以免费注册一个。登录AdobeID后就可以开始下载并安装Creative Cloud，启动Creative Cloud即可看见Adobe的各类软件，可以直接选择"安装"或"试用"软件，也可以更新已有软件。单击相应的按钮后即可自动完成软件的安装，如下图所示。

1.2.2　启动Illustrator

　　成功安装Illustrator后，可以在Windows的开始菜单中找到该软件，为了方便以后的使用可以在桌面上创建快捷方式。如果要启动Illustrator CC，可以双击桌面上Illustrator CC的快捷图标打开该软件，如下左图所示。启动Illustrator软件后，可看到Illustrator CC的工作界是由"菜单栏"、"属性栏"、"工具箱"以及面板等多个部分组成，如下右图所示。若要退出Illustrator CC，可以单击界面右上角的"关闭"按钮 ✕，关闭软件。

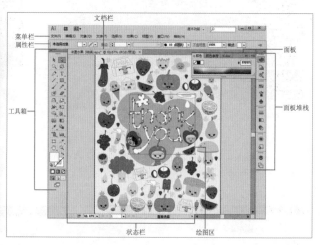

- **菜单栏**：菜单栏中包含多组主菜单，分别是文件、编辑、对象、文字、选择、效果、视图、窗口和帮助。单击相应的主菜单，即可打开该菜单下的命令选项。
- **文档栏**：打开文件后，Illustrator的文档栏中会自动生成相应文档，显示该文件的名称、格式、窗口缩放比例以及颜色模式等信息。
- **工具箱**：工具箱中集合了Illustrator的大部分工具。
- **属性栏**：属性栏主要用来设置工具的参数选项，不同工具的属性栏也不同。
- **状态栏**：状态栏中提供了当前文档的缩放比例和显示的页面，并且可以通过调整相应的选项，调整version cue状态、当前工具、日期和时间、还原次数和文档颜色配置文件的状态。
- **绘画区**：所有图形的绘制操作都将在该区域中进行，可以通过缩放操作对绘制区域的尺寸进行调整。
- **面板堆栈**：该区域主要用于放置收缩起来的面板。通过单击该区域中面板按钮，可以将该面板完整地显示出来，从而实现面板使用和操作空间的平衡。

1.3 文档的创建与使用

在开始制作平面设计作品前需要新建文档，而制作完成一个作品后则需要进行保存。在本节中主要讲解文档的创建与使用等基本操作。下面各图为优秀的海报设计作品。

1.3.1 新建文档

"新建文档"命令可以从无到有新建一个空白的文档，这也是进行制图的第一步。

01 执行"文件>新建"命令或使用快捷键Ctrl +N，此时会弹出"新建文档"对话框，在该对话框中对新建文件的大小、画板数量、出血等参数进行设置，如下图所示。

- **配置文件**：在该下拉列表中提供了打印、Web（网页）和基本RGB选项。直接选中相应的选项，文档的参数将自动按照不同的方向进行调整。如果这些选项都不是要使用的，可以选中"浏览"选项，在弹出的对话框中进行选取。

- **画板数量**：指定文档的画板数，以及它们在屏幕上的排列顺序。单击"按行设置网格"按钮，可以在指定数目的行中排列多个画板。从"行"菜单中选择行数，如果采用默认值，则会使用指定数目的画板创建尽可能方正的外观。单击"按列设置网格"按钮，可以在指定数目的列中排列多个画板。从"列"菜单中选择列数，如果采用默认

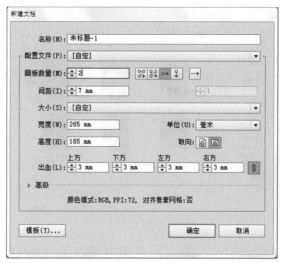

值，则会使用指定数目的画板创建尽可能方正的外观。单击"按行排列"按钮，可以将画板排列成一个直行。单击"按列排列"按钮，可以将画板排列成一个直列。单击"更改为从右到左布局"按钮，可以按指定的行或列格式排列多个画板，但按从右到左的顺序显示它们。

- **间距**：指定画板之间的默认间距，此设置同时应用于水平间距和垂直间距。
- **列数**：在该选项设置相应的数值，可以定义排列画板的列数。
- **大小**：在该选项下拉表中选择不同的选项，可以定义相应的画板尺寸。
- **取向**：当设置画板为矩形状态时，需要定义画板的取向，在该选项中单击不同的按钮，可以定义不同的方向，此时画板高度和宽度中的数值将进行交换。
- **出血**：图稿落在印刷边框打印定界框外或位于裁切标记和裁切标记外的部分。该选项用于指定画板每一侧的出血位置。可以对不同的侧面使用不同的值，单击"锁定"按钮，将保持四个尺寸相同。

02 通过单击"高级"按钮，在展开的选项区域内可以进行颜色模式、栅格效果、预览模式等参数的设置，下图为展开的"高级"选项区域。

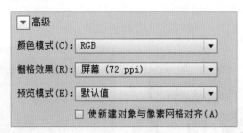

- **颜色模式：** 指定新文档的颜色模式，用于打印的文档需要设置为CMYK模式，而用于数字化浏览的则通常应用RGB模式。
- **栅格效果：** 为文档中的栅格效果设置分辨率。若需以较高的分辨率输出到高端打印机时，将此选项设置为"高"尤为重要。
- **预览模式：** 为文档设置默认预览模式。
- **使新建对象与像素网格对齐：** 如果勾选该复选框，则会使所有新对象与像素网格对齐。因为此复选框对于用来显示 Web 设备的设计非常重要。

03 如果要创建一系列具有相同外观属性的对象，可以通过"从模版新建"命令来新建文档。执行"文件>从模板新建"命令或使用快捷键Ctrl+Shift+N，此时弹出"从模版新建"对话框，如下左图所示。选择用于新建文档的模版后，单击"确定"按钮，即可实现从模版新建文档，如下右图所示。

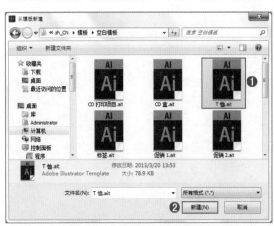
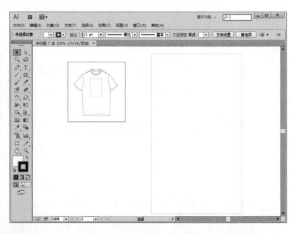

案例项目：创建一个用于打印的文档

案例文件

创建一个用于打印的文档.ai

视频教学

创建一个用于打印的文档.flv

01 执行"文件>新建"命令或者使用快捷键Ctrl+N，打开"新建文档"对话框。

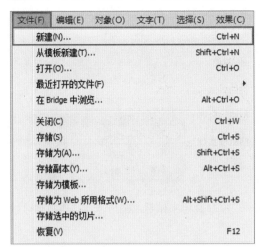 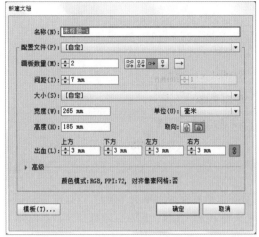

02 首先为该文档设置一个合适的名称，然后选择"配置文件"为"自定"选项，如下左图所示。因为我们只需要一个画板，所以设置"画板数量"为1，参数设置如下右图所示。

 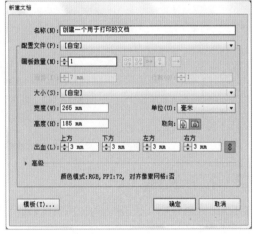

03 接着设置画板"大小"为A4。因为A4是较为常用的尺寸，所以可以在"大小"下拉菜单中可以找到A4选项。也可以通过设置"高度"和"宽度"值来设置A4大小的文件，设置"宽度"为210mm，"高度"为297mm，参数设置如下左图所示。接下来设置"出血"的各个选项，首先单击"锁定"按钮 ⬚ ，以保持四个尺寸相同，然后设置出血为3mm，如下右图所示。

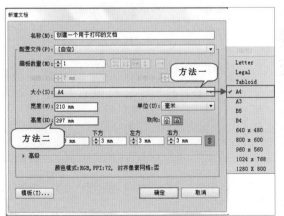 

04 因为该文档用于打印，所以要设置"颜色模式"为CMYK。展开"高级"选项区域，单击"颜色模式"下三角按钮 ▼ ，在下拉菜单中选择CMYK选项，如下左图所示。单击"栅格效果"下三角按钮 ▼ ，在下拉菜单中选择"高（300ppi）"选项，将分辨率设置为300ppi，如下右图所示。

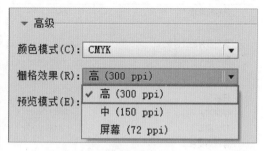

05 参数设置完成后单击"确定"按钮，即可新建一个空白文档，如下左图所示。接着我们可以在这个新建文档中进行创作，完成后效果如下右图所示。

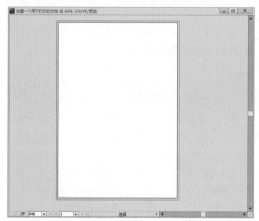

1.3.2 打开文档

要在Illustrator 中对已经存在的文档进行修改和处理，首先要打开文档。可以执行"文件>打开"命令或使用快捷键Ctrl+O。此时在弹出的"打开"对话框中，选中要打开的文件，然后单击"打开"按钮，如下左图所示。此时文件就会在Illustrator 中打开，如下右图所示。

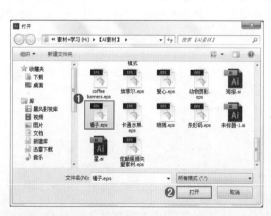
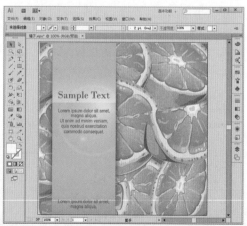

> **提示** Illustrator既可以打开使用Illustrator创建的矢量文件，也可以打开其他应用程序创建的兼容文件，例如AutoCAD制作的".dwg"格式文件、Photoshop创建的".psd"格式文件等等。

1.3.3 存储文件

执行"文件>存储"命令，可以将文件进行存储。执行"文件>存储为"命令，可以重新对存储的位置、文件的名称、存储的类型等进行设置。在首次对文件进行"存储"以及使用"存储为"命令时，都会弹出"存储为"对话框。

在"存储为"对话框中需要在"文件名"文本框中输入一个合适的名称，然后在"保存类型"下拉列表中选择一个文件格式，设置完成后单击"保存"按钮，如下左图所示。此时会弹出"Illustrator 选项"对话框，在此对话框中可以对文件存储的版本、选项、透明度等参数进行设置。设置完毕后单击"确定"按钮，即可完成文件存储操作，如下右图所示。

- **版本**：指定希望文件兼容的Illustrator版本。需要注意的是旧版格式不支持当前版本Illustrator中的所有功能。
- **创建PDF兼容文件**：在Illustrator文件中存储文档为PDF演示。
- **使用压缩**：在Illustrator文件中压缩PDF数据。
- **透明度**：确定当选择早于9.0版本的Illustrator格式时，如何处理透明对象。

> **提示** 在"保存类型"下拉列表中有五种基本文件格式，分别是AI、PDF、EPS、FXG 和 SVG。这些格式称为本机格式，因为它们可保留所有 Illustrator 数据，包括多个画板中的内容。

1.3.4 置入文件

若要在文档中添加其他的素材，可以通过"置入"的方法。我们不仅可以将".ai"文件的素材进行置入，还可置入".psd"、".jpg"等格式的文件，而且可以一次性置入多个对象。

01 新建一个任意大小的空白文件，然后执行"文件>置入"命令，此时弹出"置入"对话框，单击该对话框右下方的"所有格式"下三角按钮，设置要置入文件的格式类型。选择要置入的对象，若勾选"链接"复选框，则对象以链接的方式置入文档，否则将以嵌入的方式置入到Illustrator文档中，然后单击"置入"按钮，如下图所示。

02 可以发现光标变为了 ⊞ 形状，且带有图像的缩览图，如下左图所示。接着在文档中单击，即可将素材置入到文档中，如下右图所示。

03 此时素材是通过"链接"的方式放置在文件中，当文件或素材的存储位置改变后，软件就会找不到置入的对象，使画面缺失素材。这时可以通过"嵌入"方式将素材嵌入到文件内，使素材成为这个文件的一部分。选中置入的素材，单击控制栏中的"嵌入"按钮 ⬚嵌入⬚ ，如下左图所示。单击后即可将图片嵌入到文件中，如下右图所示。

04 当JPEG格式文件嵌入后，也可以在属性栏中单击"取消嵌入"按钮 ⬚取消嵌入⬚ ，如下左图所示。接着在弹出的"取消嵌入"对话框中选择合适的存储位置以及文件模式，嵌入的素材就会重新变为链接状态，如下右图所示。

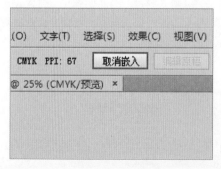

> **提示** 在Illustrator中，置入图片有两种方式，分别是"嵌入"和"链接"，这样两种方式是有分别的。
> "嵌入"是将图片包含在ai文件中，就是和这个文件连在一起，做为一个完整的文件。当文件存储位置改变时，不用担心图片没有一起移动，在AI中可以对图片直接修改，没有限制。但是如果置入的图片比较多，文件体积会增加，并且会给计算机运行增加压力。另外，当原素材图片在在其他软件中进行修改后，嵌入的图片不会提示更新变化。

链接是指图片不在AI文件中，仅仅是通过链接的方式在AI中显示。链接的优势在于再多图片也不会使文件体积过多的增大，并且不会给软件运行增加过多负担。而且链接的原图片经过修改后在AI中会自动提示更新图片。但是链接的文件移动时，链接的素材图像也需要一起移动，不然丢失链接图会使图片质量大打折扣。可以使用"链接"面板来识别、选择、监控和更新文件。

案例项目：置入素材制作杂志封面

案例文件

置入素材制作杂志封面.ai

视频教学

置入素材制作杂志封面.flv

01 执行"文件>打开"命令，打开素材文件"1.ai"，如下左图所示。接着执行"文件>置入"命令，在打开的"置入"对话框中选择素材"2.jpg"，然后单击"置入"按钮，如下右图所示。

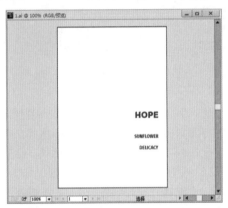

02 接着在文档中单击即可将人物素材置入到文档内，如下左图所示。单击属性栏中的"嵌入"按钮，将人物素材进行嵌入，如下右图所示。

03 因为文字在人物的上方，所以我们要将人物移动到文字的下方。选择这个人物图片，执行"对象>排列>置于底层"命令，如下左图所示。随即人物图片就可置于整个画面的最底层，此时杂志封面就制作完成了，效果如下右图所示。

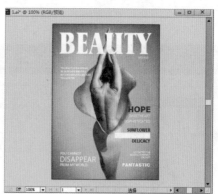

04 接下来进行保存操作。执行"文件>保存"命令或者使用快捷键Ctrl+S，打开"存储为"对话框，在该对话框中找到文件保存的位置，接着命名一个合适的名称，设置"保存类型"为Adobe Illustrator(*.AI)，然后单击"保存"按钮，即可进行保存了，如右图所示。

1.3.5 导出文件

通常一个设计作品制作完成后，不仅要保存一个"源文件"，还需要保存一个便于浏览的JPG格式文件作为预览图。但是在使用"文件>存储"命令时，在打开的对话框中并没有看到JPG格式，因为这个格式"藏"在了"导出"命令下。使用"导出"命令还可将文件存储为PNG、Flash等格式。接下来通过将文件导出为JPG格式为例，讲解"导出"命令的使用方法。

01 打开一个制作好的文件，我们可以看到画板中有一个制作完成的作品，并且在画板外还有部分图形，如下左图所示。接下来就将其"导出"为jpg格式。执行"文件>导出"命令，打开"导出"对话框，在该对话框中可以对文件保存的位置和名称进行设置，然后单击"保存类型"下三角按钮，在下拉菜单中选择"JPEG(*.JPG)"选项，如下右图所示。

02 如果只要将画板中的内容进行导出，可以勾选"使用画板"复选框，如下左图所示。接着单击"导出"按钮，随即会弹出"JPEG选项"对话框，然后单击"确定"按钮，如下中图所示。我们找到导出的图片，可以看到图片中只有画板中的内容，如下右图所示。

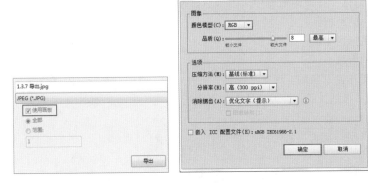

03 如果要导出整个文档中的内容，可以不勾选"使用画板"复选框，如下左图所示。导出的内容就包含了画板以外的内容，如下右图所示。

1.3.6　恢复图像

若想要将文件恢复到上次存储的版本，可以执行"文件>恢复"命令或使用快捷键F12，如下图所示。

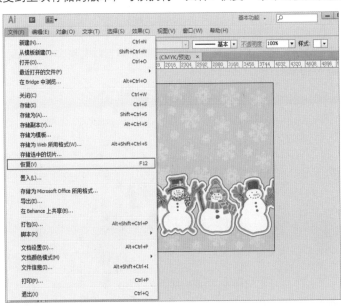

1.3.7 打印文档

"打印"通常是将电脑或其他电子设备中的可见数据，通过打印机等设备输出在纸张等记录物上。想要将做好的设计作品打印出来，并不是连接上打印机就可以进行打印了，还需要进行相应的设置。执行"文件>打印"命令，打开"打印"对话框，在该对话框中可以预览打印作业的效果，并且可以对打印机、打印份数、输出选项和色彩管理等进行设置。

01 首先在"打印机"下拉列表中选择打印机。

02 在"份数"数值框中设置打印的份数。

03 如果需要设置纸张的方向，则单击左下角的"设置"按钮，打开一个"打印首选项"对话框并在其中进行设置。设置完毕后单击"打印"按钮，即可开始打印，如下图所示。

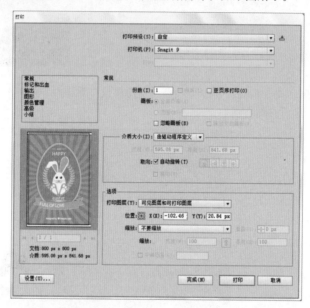

- **打印预设**：用来选择预设的打印设置。
- **打印机**：在下拉列表中选择可用打印机。
- **存储打印设置**：单击该按钮可以打开"存储打印预设"对话框。

1.3.8 关闭文件

执行"文件>关闭"命令或使用快捷键Ctrl+W，可以关闭当前文档窗口。也可以直接单击文档栏中的 ⊠ 按钮关闭文件，如下图所示。

1.4 图像文档的操作方法

在本节中主要讲解Illustrator中图像文档的操作方法，例如，在文档内添加或删除画板、调整图像在窗口中的显示比例和显示的位置、在存在多个文档的前提下调整文档的显示方式、辅助工具的使用以及"还原"与"重做"命令的应用，下图为优秀的平面设计作品。

1.4.1 画板的创建与编辑

"画板"是指界面中的白色区域，包含可打印图稿的区域。"画板工具"⊞是在用户新建文档后，想要更改画板的大小或位置时使用的。使用"画板工具"不仅可以调整画板大小和位置，可以让它们彼此重叠，还能够创建任意大小的画板。

01 在文档中单击工具箱中的"画板工具"按钮⊞或者使用快捷键Shift+O，此时在画板的边缘将显示画板的定界框，如下左图所示。如果更改画板的大小，则拖曳定界框上的控制点来进行更改即可，如下右图所示。

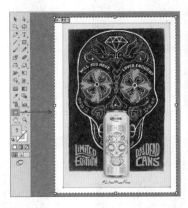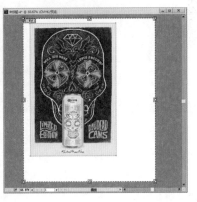

02 若要移动画板在文档中的位置，则将光标置于画板中，待光标变为✛状时，按住鼠标左键拖曳即可移动画板的位置，如下左图所示。在文档内添加画板的方法也非常的灵活，选择"画板工具"⊞后，按住鼠标左键拖曳即可添加一个新的画板，如下右图所示。

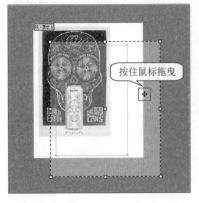

按住鼠标拖曳

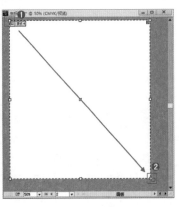

03 也可单击属性栏中的"新建画板"按钮，接着将光标移至合适位置，可以看到一块浅灰色的区域，如下左图所示。然后在文档内单击即可新建画板，新建的画板与之前的画板等大，如下右图所示。

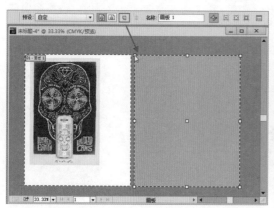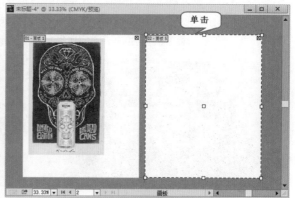

04 还可以对画板进行复制，单击"画板工具"按钮，单击属性栏中的"移动/复制带画板的图稿"按钮，然后按住Alt键的同时单击拖动至适当位置释放鼠标，可以发现画板和内容被同时复制，如下图所示。

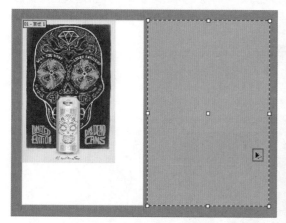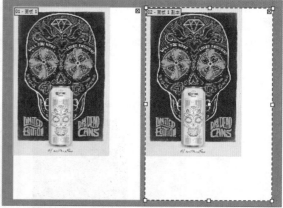

05 若要删除画板，则在使用"画板工具"状态下选中画板，然后按下Delete键或单击属性栏中的"删除"画板按钮，也可以单击画板右上角的"删除"按钮，如右图所示。

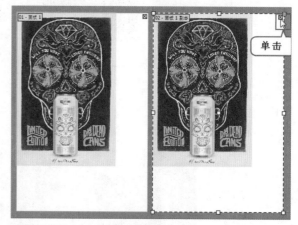

1.4.2　调整文档显示比例与显示区域

在绘图过程中，为了方便用户控制图形的整体和局部效果，Illustrator中也提供了两个非常便利的视图浏览工具：用于图像缩放的"缩放工具"和用于平移图像的"抓手工具"。

01 单击工具箱中的"缩放工具"按钮，然后将光标移动至画面中，可以看到此时光标为一个中心带有加号的放大🔍图标，然后在画面中单击即可放大图像，如下中图所示。按住Alt键，光标会变为中心带有减号的缩小🔍图标，单击要缩小的区域的中心，每单击一次，视图便放大或缩小到上一个预设百分比，如下右图所示。

  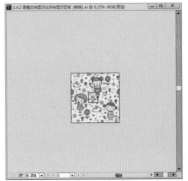

02 如果要放大或缩小画面中的某个区域，可以使用"缩放工具"在需要放大或缩小的区域拖曳即可放大或缩小图像。例如要放大画面中的小女孩，可以使用"缩放工具"🔍在小女孩的位置按住鼠标左键拖曳，在拖曳过程中产生的灰色框就是放大的区域，如下左图所示。松开鼠标即可看到这部分被放大了，效果如下右图所示。

03 当图像放大到屏幕不能完整显示时，可以使用"抓手工具"🖐在不同的可视区域中进行拖动以便于浏览。单击工具箱中的"抓手工具"按钮，在画面中单击并向所需观察的图像区域移动即可，效果如下图所示。

提示 直接将需要在Illustrator中打开的文档拖曳到Illustrator图标上，可以快速启动Illustrator的同时打开文档。

提示 在打开的图像文件窗口的左下角，有一个"缩放"数值框，在该数值框中输入相应的缩放倍数，按下Enter键，即可直接将图像调整到相应的缩放倍数，如右图所示。

1.4.3 设置多个文档的显示方式

当用户同时打开多个文档时，可以根据需要选择一个适合自己的文档排列方式。在"窗口>排列"子菜单中选择一个合适的排列方式，如右图所示。

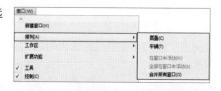

提示 Illustrator CC提供了多种合并拼贴方式便于多个文件的重新排列，使用直观的"排列文档"窗口，可快速地以不同的配置方式排列已打开的文档。在应用程序栏中单击"排列文档"下三角按钮，在下拉列表中有"全部合并"、"全部按网格拼贴"、"全部垂直拼贴"等多个排列方式。在此单击"五联"按钮，此时文档排列效果如右图所示。

- **层叠**：选择"层叠"排列方式时，所有打开文档将从屏幕的左上角到右下角以堆叠和层叠的方式显示，如下左图所示。
- **平铺**：当选择"平铺"排列方式时，窗口会自动调整大小，并以平铺的方式填满可用的空间，如下中图所示。
- **在窗口中浮动**：当选择"在窗口中浮动"排列方式时，图像可以自由浮动，并且可以任意拖曳标题栏来移动窗口，如下右图所示。

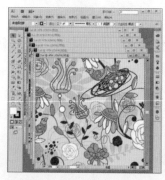

1.4.4 辅助工具

辅助工具指的是辅助进行某项任务或某项操作时，使用的可以使整个操作过程变得更加简单轻松的工具。在Illustrator中提供了包括标尺、网格、参考线等多种辅助工具。这些辅助工具都是虚拟的对象，输出打印时是不可见的。

1. 标尺

"标尺"可以用来度量和定位插图窗口或画板中的对象，借助标尺可以让图稿的绘制更加精准。执行"视图>标尺>显示标尺"命令或使用快捷键Ctrl+R，标尺将出现在窗口的顶部和左侧。如果需要隐藏标尺，可以执行"视图>标尺>隐藏标尺"命令或使用快捷键Ctrl+R进行隐藏。在标尺上方单击鼠标右键可以设置标尺的单位，如下图所示。

> **提示** 在每个标尺上显示0的位置称为标尺原点。若要调整标尺原点，可将鼠标指针移至标尺左上角相交处，然后按住鼠标拖到所需的新标尺原点处。当进行拖动时，窗口和标尺中的十字线会指示不断变化的全局标尺原点。要恢复默认标尺原点，双击标尺左上角相交处即可。

2. 参考线

"参考线"是在图中精确对齐物体的辅助线，所以也称之为"辅助线"。参考线的创建依附于标尺，首先调出标尺，将光标放置在标尺上方，按住鼠标左键向下进行拖曳，此时会拖曳一条灰色的虚线，如下左图所示。拖曳至相应位置后松开鼠标即可创建一条参考线，默认情况下参考线为青色，如下中图所示。如果想要在特定的标尺刻度位置创建辅助线，可以将光标放置在需要添加参考线的位置并双击。双击后即可添加参考线，如下右图所示。

● **锁定参考线**：参考线非常容易因为错误操作导致位置发生变化，执行"视图>参考线>锁定参考线"命令，即可将当前的参考线锁定。此时可以创建新的参考线，但是不能移动和删除相应的参考线。若要将参考线解锁，可以再次执行"视图>参考线>锁定参考线"命令。

- **隐藏参考线**：执行"视图>参考线>隐藏参考线"命令，可以将参考线暂时隐藏，再次执行该命令可以将参考线重新显示出来。
- **删除参考线**：执行"视图>参考线>清除参考线"命令，可以删除所有参考线。当要将某一条参考线删除，可以使用"选择工具"选中该参考线，然后按Delete键即可。删除参考线时，必须在没有锁定参考线的情况下进行，否则无法删除。

> **提示** Illustrator中的参考线不仅可以是垂直或水平的直线，也可以将矢量图形转换为参考线对象。下图中有一个黑色的矩形框，选中这个矩形框并按下快捷键Ctrl+5，即可将该矩形转换为参考线，如下图所示。

3. 智能参考线

执行"视图>智能参考线"命令或使用快捷键Ctrl+U，可以打开或关闭智能参考线。开启智能参考线时，在对对象进行移动、缩放等操作时，会自动提示对象之间的对齐，如下左图所示。

4. 网格

"网格"也是一种辅助工具，通常在文字设计、标志设计中使用频繁，它同其它的辅助工具一样不可打印输出。执行"视图>显示网格"命令或使用快捷键Ctrl+'，可以将网格显示出来。如果要隐藏网格，则执行"视图>隐藏网格"命令或使用快捷键Ctrl+'。显示网格后，执行"视图>对齐网格"命令，在移动网格对象时，对象会自动对齐网格，如下右图所示。

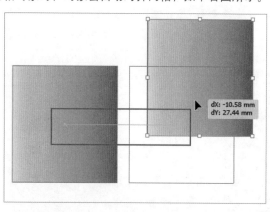 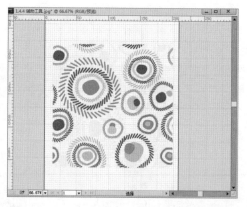

1.4.5　操作的还原与重做

在图像的绘制过程中当出现错误需要更正时，可使用"还原"和"重做"命令来对图像进行还原或重做操作。在出现操作失误的情况时，执行"编辑>还原"命令能够修正错误，也可使用快捷键Ctrl+Z。

还原之后，还可以执行"编辑>重做"命令（快捷键Shift+Ctrl+Z）撤销还原，恢复到还原操作之前的状态。

知识延伸：矢量图形与路径

我们知道Illustrator是一款非常典型的矢量绘图软件。那么什么是矢量图呢？矢量图是根据几何特性来绘制的图形，可以是一个点或一条线，矢量图只能靠软件生成，可以自由无限制地重新组合。例如常见的CorelDRAW也是一款矢量绘图软件。矢量图的最大特点是放大后图像不会失真，和分辨率无关，通常应用于图形设计、文字设计和一些标志设计、平面设计等。右图为我们将一个矢量图放大很多倍后的效果，可以看到依然非常清晰。

构成矢量图的主要元素是路径。路径由一个或多个直线线段和曲线线段组成，线段的起点和终点由锚点来进行标记。通过编辑锚点、方向点或路径线段本身，可以改变路径的形态。路径最基础的概念是两点连成一线，三个点可以定义一个面。在进行矢量绘图时，通过绘制路径并在路径中添加颜色可以组成各种复杂图形，如右图所示。

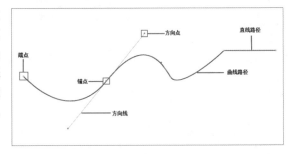

路径上的点被称之为锚点，在Illustrator中有两类锚点：角点和平滑点。角点可以连接两条直线线段或曲线线段，平滑点只能连接曲线线段。下面左图为角点，右图为平滑点。

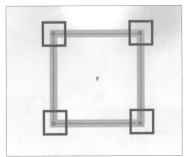

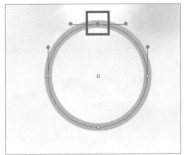

在Illustrator中包含三种主要的路径类型：开放路径、闭合路径、复合路径。开放路径具有两个不同的端点，它们之间有任意数量的锚点，如下左图所示。闭合路径是一条首尾相接的没有端点，没有开始或结束的连续的路径，如下右图所示。

上机实训：根据所学内容完成一个完整的案例

步骤 01 执行"文件>新建"命令，在"新建文档"对话框中设置一个合适的名称，然后设置"画板数量"为1，"大小"为A4，单击"横向"按钮，"栅格效果"设置为"屏幕（72ppi）"，然后单击"确定"按钮，参数设置如下图所示。

步骤 02 文件新建完成后得到一个空白文件，如下图所示。

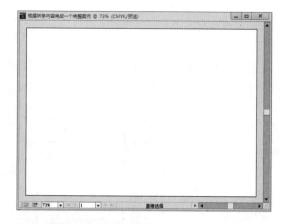

步骤 03 执行"文件>置入"命令，在打开的"置入"对话框中找到素材位置，选择"1.jpg"背景文件，然后单击"置入"按钮，如下图所示。

步骤 04 接着将光标移至画板中，待光标变为状，在画面中单击将图片进行置入，如下图所示。

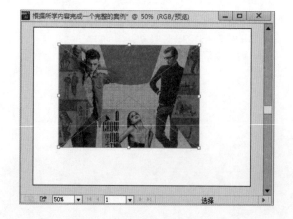

步骤 05 此时图片和画板大小不匹配，所以要调整图像的大小。单击工具箱中的"选择工具" ▶ 按钮，将光标移至图片中，按住鼠标左键将图像移动到空白文档的左上角，如下图所示。

步骤 06 接着将光标放置在图片右下角的控制点处，按住Shift键将光标向外拖曳，将图像等比放大，如下图所示。

步骤 07 接着置入其他内容，执行"文件>置入"命令，选中素材"2.png"，将图像进行置入，如右图所示。

步骤 08 下面将文件进行存储。执行"文件>存储为"命令，在"存储为"对话框中找到存储的位置，设置"保存类型"为（*.AI），然后单击"保存"按钮，如下图所示。

步骤 09 执行"文件>导出"命令，选择合适的位置，设置存储文件格式为JPG，然后单击"确定"按钮，导出一个JPG格式的预览图，本案例制作完成。

课后练习

1. 选择题

(1) 新建文件的快捷键是_____。

    A. Ctrl+N   B. Ctrl+U

    C. Ctrl+C   D. Ctrl+5

(2) 在画板内外都有内容的情况下，将画板中的内容导出为JPG格式，需要勾选"导出"对话框中的哪些选项？_____

    A. 范围   B. 全部

    C. 使用画板   D. 无需设置

(3)（多选）以下哪些是Illustrator中的辅助工具？_____

    A. 标尺   B. 网格

    C. 参考线   D. 网线

2. 填空题

(1) 执行_____命令或使用快捷键Ctrl+W，可以关闭当前文件。

(2) 使用_____可以用于图像显示比例的缩放，使用_____可以平移图像。

(3) 使用_____命令可以将PSD格式的素材文件放到文档内。

3. 上机题

创建新文档，并将文档进行存储。

(1) 执行"文件>新建"命令，设置合适的参数，创建一个新文档。

(2) 执行"文件>存储"命令，在"存储"对话框中选择合适的存储位置。

(3) 设置合适的文件名称。

(4) 设置文件的格式，然后进行存储。

Chapter 02 绘图

本章概述

Illustrator中所说的绘图，指的都是绘制矢量图形。在工具箱中有很多种可用于矢量图形绘制的工具，例如矩形工具、椭圆工具、星形工具等。除此之外，还可以使用画笔工具、铅笔工具、斑点画笔工具进行矢量图形的绘制。

核心知识点

1. 掌握线型绘图工具、图形绘制工具的使用方法
2. 熟练掌握画面中对象选择的方法
3. 掌握钢笔工具的使用方法
4. 学会使用橡皮擦工具擦除矢量对象

2.1 线型绘图工具

Illustrator中包括五种线型绘图工具，在工具箱中按住"直线段工具" ✏ 按钮，即可弹出隐藏的工具："直线段工具" ✏、"弧线工具" ◜、"螺旋线工具" ◉、"矩形网格工具" ▦ 和"极坐标网格工具" ◉，如下左图所示，右图为五个线型工具绘制的对象。

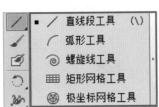

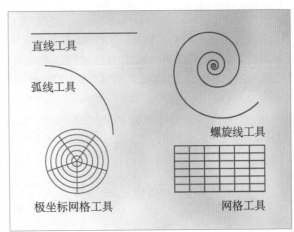

2.1.1 直线段工具

"直线段工具" ✏ 可以直接绘制各种方向的直线。选择工具箱中的"直线段工具" ✏，在画板中需要创建的位置单击并按住鼠标左键进行拖曳，如下左图所示。松开鼠标即可绘制一条直线，如下中图所示。想要绘制精确的直线对象，可以在将要绘制直线的一个端点处单击鼠标左键，弹出"直线段工具选项"对话框，在该对话框中对直线段的长度和角度进行设置，如下右图所示。

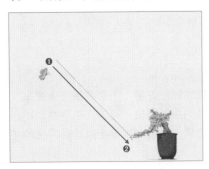

2.1.2 弧形工具

"弧形工具" ⟋用于绘制任意弧度的弧形，也可以绘制精确弧度的弧形对象。选择工具箱中的"弧形工具" ⟋，按住鼠标左键在画面中拖曳，即可绘制一条弧线，如下左图所示。如果在绘制过程中需要调整弧形的弧度，可通过键盘上的向上和向下键进行调整。绘制精确的弧形对象时，在将要绘制弧形的一个端点处单击鼠标左键，弹出"弧线段工具选项"对话框，在该对话框中对所要绘制弧形的参数进行设置，如下右图所示。

  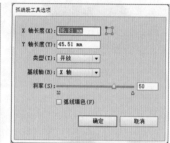

- **类型**：定义绘制的弧线对象是"开放"还是"闭合"。
- **基线轴**：定义绘制的弧线对象基线轴为X轴还是Y轴。

2.1.3 螺旋线工具

"螺旋线工具" ◎用于绘制各种螺旋形状的线条。单击工具箱中的"螺旋线工具" ◎按钮，然后在画面中按住鼠标左键拖曳，即可绘制一段螺旋线。若要绘制精确的螺旋线对象，可以在将要绘制螺旋线的中心点处单击鼠标左键，弹出"螺旋线"对话框，在该对话框中对所要绘制螺旋线的"半径"、"衰减"等参数进行设置。

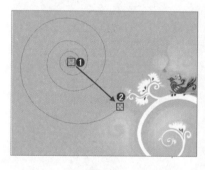  

- **半径**：用来指定螺旋线的中心点到螺旋线终点之间的距离，该选项用来设置螺旋线的半径。
- **衰减**：用来设置螺旋线内部线条之间的螺旋线圈数。
- **段数**：用来设置螺旋线的螺旋段数。
- **样式**：用来设置顺时针或逆时针方向绘制螺旋线。

提示 在绘制过程中，若按住Alt键可以增加螺旋线的段数；按住Ctrl键拖曳可以设置螺旋线的"衰减"程度。

2.1.4 矩形网格工具

使用"矩形网格工具" ▦可以绘制带有网格的矩形。在画面中按住鼠标左键，沿对角线方向拖曳，释放鼠标后矩形网格即绘制完成，如下左图所示。如果想要制作精确的矩形网格，可以在将要绘制矩形网格的一个角点位置单击鼠标左键，弹出"矩形网格工具选项"对话框，在该对话框中对矩形网格的各项参数进行设置，如下右图所示。

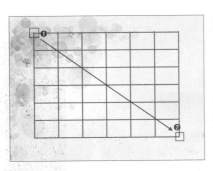

● **宽度**：设置矩形网格的宽度。
● **高度**：设置矩形网格的高度。
● **水平分割线**："数量"可以设置矩形网格中水平网格线的数量；"倾斜"可以设置水平网格上下的倾斜方向。
● **垂直分割线**："数量"可以设置矩形网格中垂直网格线的数量；"左、右方倾斜"选项可以设置垂直网格左右的倾斜方向。

> **提示** 在绘制过程中，按键盘上的向上键可以增加行数，按键盘上的向下键减少行数，按键盘上的向左键可以减少列数，按键盘上的向右键可以增加列数。

2.1.5 极坐标网格工具

使用"极坐标网格"工具 ，可以绘制同心圆以及按指定的参数确定的放射线段。单击"极坐标网格工具" 按钮，在画面中按住鼠标左键并向右下角方向拖曳鼠标，释放鼠标后极坐标网格即绘制完成，如下左图所示。单击工具箱中的"极坐标网格工具" 按钮，在将要绘制极坐标网格的一个边界点处单击鼠标左键，弹出"极坐标网格工具选项"对话框，在该对话框中对所要绘制的极坐标网格的相关参数进行设置，如下右图所示。

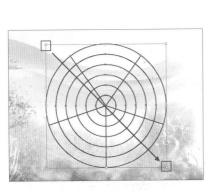

● **默认大小**："宽度"数值框可以设置极坐标网格图像的宽度；"高度"数值框可以设置极坐标网格图形的高度。
● **同心圆分隔线**："数量"数值框用于设置极坐标网格图形中同心圆的数量；"倾斜"可以设置极坐标网格图形的排列倾斜。
● **径向分隔线**："数量"数值框用于设置极坐标网格图形中射线的数量；"倾斜"选项可以设置极坐标按网格图形排列倾斜。

2.2 图形绘制工具

Illustrator中提供了几种可以直接绘制出简单几何图形的工具。在工具箱中按住"矩形工具"按钮，即可弹出其他隐藏工具，如下左图所示，右图为这些工具所绘制的对象。

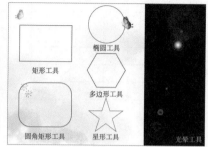

2.2.1 矩形工具

使用"矩形工具" 可以绘制矩形和正方形。单击工具箱中的"矩形工具" 按钮，在打开的隐藏工具列表中选择"矩形工具"选项，在画面中按住鼠标左键拖曳，如下左图所示。释放鼠标后矩形绘制完成，如下中图所示。若要绘制一个精确的矩形，可以在画面中单击鼠标，在弹出的"矩形"对话框中设置矩形的"高度"和"宽度"值，单击"确定"按钮可绘制出精确的矩形对象，如下右图所示。

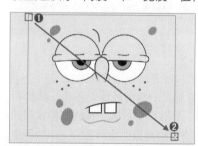

> **提示** 在绘制时，按住Shift键拖曳鼠标，可以绘制正方形；按住Alt键拖曳鼠标，可以绘制由鼠标落点为中心点向四周延伸的矩形。这个技巧同样适用于其它的图形绘制工具。

2.2.2 圆角矩形工具

"圆角矩形工具" 可用于绘制圆角矩形和圆角正方形。选择工具箱中的"圆角矩形工具" ，在画面中按住鼠标左键拖曳，即可绘制圆角矩形，如下左图所示。如果要绘制精确的圆角矩形，可以在将要作为圆角矩形角点的位置单击鼠标，在打开的"圆角矩形"对话框中对将要绘制的圆角矩形的"高度"和"宽度"以及"圆角半径"的大小进行设置，如下右图所示。

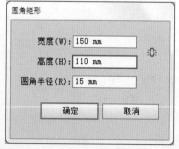

> **提示** 在绘制圆角矩形的过程中，按下键盘上的向上键可以增加圆角半径；按下键盘上的向下键可以减小圆角半径。

2.2.3 椭圆工具

"椭圆工具" 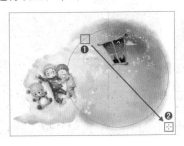 可用于绘制椭圆，也可以轻松绘制正圆。选择工具箱中的"椭圆工具"，在画面中按住鼠标左键并拖曳鼠标，当绘制的椭圆大小、形态适宜时释放鼠标即可。若要绘制精确大小的椭圆，可以在画面中单击鼠标，弹出"椭圆"对话框，在该对话框中对将要绘制的椭圆的"高度"和"宽度"大小进行设置，单击"确定"按钮，即可绘制出精确大小的椭圆对象。

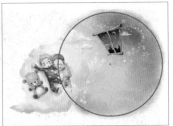

2.2.4 多边形工具

"多边形工具"  能够绘制边数大于等于三的任意边数的多边形。选择工具箱中的"多边形工具"，在画面中按住鼠标左键拖曳，即可绘制多边形。也可以在画面中单击，在打开"多边形"对话框中，通过设置"边数"控制多边形的边数，如下右图所示。

2.2.5 星形工具

"星形工具" 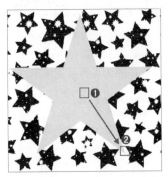 可以绘制大于等于三的任意角数的星形。单击工具箱中的"星形工具"按钮，在画面中按住鼠标左键并向外拖曳，拖曳到适当尺寸后释放鼠标，即可完成星形的绘制，如下左图所示。在画面中单击鼠标左键，即可弹出"星形"对话框，在该对话框中对星形的半径和角点数进行设置，单击"确定"按钮，即可创建精确的星形对象，如下右图所示。

- 半径 1：指定从星形中心到星形最内侧点（凹处）的距离。
- 半径 2：指定从星形中心到星形最外侧点（顶端）的距离。
- 角点数：可以定义所绘制星形图形的角点数。

2.2.6 光晕工具

"光晕工具"  可用于创建具有明亮的中心、光晕、射线及光环的光晕对象。绘制光晕可以分为两步骤：首先单击工具箱中的"光晕工具"按钮，在要创建光晕的大光圈部分的中心位置按住鼠标左键，拖曳的长度就是放射光的半径，如下左图所示。然后松开鼠标，再次单击鼠标，以确定闪光的长度和方向，如下中图所示，光晕效果如下右图所示。

在绘制光晕前，可以对绘制的光晕效果进行设置。选择"光晕工具"  ，在画面中单击，打开"光晕工具选项"对话框如右图所示。

- **居中：**"直径"选项用来设置中心控制点直径的大小；"不透明度"选项用来设置中心控制点的不透明度；"亮度"选项可以设置中心控制点的亮度比例。
- **光晕：**"增大"选项可以设置光晕围绕中心控制点的辐射程度；"模糊度"选项可以设置光晕在图形中的模糊程度。
- **射线：**"数量"选项可以设置光线的数量；"最长"选项可以设置光线的长度；"模糊度"选项用于设置光线在图形中的模糊程度。
- **环形：**"路径"选项用来设置光环所在的路径的长度值；"数量"选项可以设置光环在图形中的数量；"最大"选项用来设置光环的大小比例；"方向"选项可以设置光环在图形中的旋转角度，还可以通过右边的角度控制按钮调节光环的角度。

案例项目：使用椭圆工具与钢笔工具制作蓝精灵招贴

案例文件

使用椭圆工具与钢笔制作蓝精灵招贴.ai

视频教学

使用椭圆工具与钢笔制作蓝精灵招贴.flv

01 执行"文件>新建"命令，弹出"新建文档"对话框，设置"大小"为A4，"取向"为横向。参数设置如下左图所示。执行"文件>置入"命令，置入素材"1.jpg"，单击属性栏中的"嵌入"按钮 ▭嵌入▭ ，完成置入。接着调整素材"1.jpg"的大小，将鼠标放到素材定界框的控制点，按住Shift键同时向内拖曳控制点，将其等比例缩放至画板同样大小，如下右图所示。

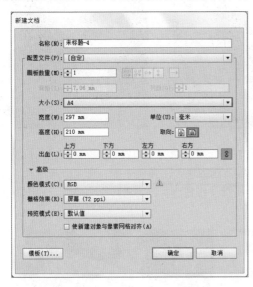 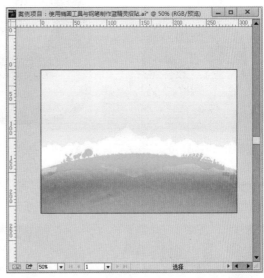

02 接下来使用"椭圆工具"绘制画面中的圆形底色。单击工具箱中的"椭圆工具" ⬭ 按钮，在属性栏中设置其填充为红色，在画面中按住鼠标左键的同时按住Shift键，拖曳鼠标绘制正圆形，如下左图所示。再用相同方法绘制其它部分的圆形，如下右图所示。

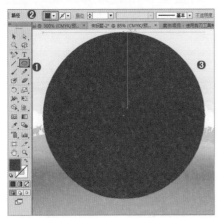 

03 下面将所有圆形对齐。使用"选择工具"将所有的圆形选中，再单击属性栏中的"水平居中对齐"按钮 ▦ 与"垂直居中对齐"按钮 ▦ ，将圆形对齐，如右图所示。

04 执行"文件>置入"命令，置入素材"2.jpg"，单击属性栏中的"嵌入"按钮 ▭ 嵌入 ▭，效果如下左图所示。单击工具箱中的"文字工具" ⊤ 按钮，选择合适的字体以及字号，键入文字，如下中图所示。接着将文字进行旋转，效果如下右图所示。

05 单击工具箱中的"钢笔工具" ✎ 按钮，在属性栏中设置其"填充"为白色，参照文字的位置绘制图形，如下左图所示。使用快捷键Ctrl+[，将其下移一层，然后单击工具箱中的"直接选择工具" ▷ 按钮，选择锚点，再单击控制栏中的"将所选锚点转换为平滑"按钮 ✔ ，将尖角转换为曲线，如下左图所示。利用相同方法转换其他锚点，效果如下右图所示。

06 利用上述方法绘制其他部分，如下左图所示。最后为画面添加其他部分的文字，最终效果如下右图所示。

2.3　选择对象

在Illustrator中，选择对象有很多种方式，本节主要来讲解"选择工具" ▶ 、"直接选择工具" ▷ 、"编组选择工具" ▷⁺ 、"魔棒工具" ✦ 和"套索工具" ⊙ ，这几种选择工具的使用方法，以及"选择"菜单中各命令的使用方法。

2.3.1　选择工具

"选择工具" ▶ 可以用来选择整个图形、整个路径或整段文字。单击工具箱中的"选择工具" ▶ 按钮或按下键盘上的快捷键V，接着将光标移动至需要选择的对象上，如下左图所示。单击鼠标左键即可选择整个对象，如下中图所示。按住鼠标左键拖曳，即可移动选中的对象，如下右图所示。

提示 若要同时选取多个对象，可以按住Shift键的同时，单击需要加选的对象即可；如果选择的对象为相邻的对象，可以按住鼠标左拖曳进行框选。

被选中的对象周围有一个矩形框，这个矩形框叫做"定界框"。在定界框上有8个控制点，将光标放置在控制点上，光标变为 状时，按住鼠标左键拖曳，即可纵向拉伸；光标变为 状时，按住鼠标左键拖曳，即可横向拉伸；将光标放在四个角点处，当变为 时，按住鼠标左键进行拖曳，可以横向、纵向一同拉伸，这时若按住Shift键可以等比缩放，如下左图所示。将光标放置控制点以外，当光标变为 状时，按住鼠标左键拖曳即可进行旋转，如下右图所示。在选中过程中按Shift键，可以以45°的倍数的角度进行旋转。

2.3.2　直接选择工具

"直接选择工具" 用于选择对象内的锚点或路径段。单击工具箱中的"直接选择工具" 按钮，然后在需要选择的路径上方单击，即可选择该段路径，如下左图所示。显示路径后可以看到路径上方的锚点，若选择单个锚点，可以在锚点上方单击选中该锚点，如下右图所示。

选择锚点后进行拖曳，可移动锚点的位置，锚点移动后图形也会随之改变，如下左图和中图所示。锚点同样可以进行删除，选中锚点按下键盘上的Delete键，即可删除锚点，下面右图为删除多个锚点后的效果。

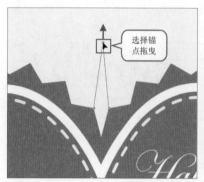  

2.3.3　编组选择工具

"编组选择工具" 可以在不解除编组的情况下选择组内的对象或组内的分组。使用"编组选择工具" 单击，选择的是组内的一个对象，如下左图所示。再次单击，选择的是对象所在的组，如下右图所示。

2.3.4　魔棒工具

"魔棒工具" 可以选择当前文档中属性相近的对象，例如具有相近的填充色、描边色、描边宽度、透明度或者混合模式的对象。单击工具箱中的 "魔棒工具" 按钮，在要选取的对象上单击，如下左图所示。文档中与所选对象属性相近的对象会被选中，如下右图所示。

2.3.5 套索工具

单击工具箱中的"套索工具"按钮或使用快捷键Q，在要进行选取的区域拖曳鼠标，将要选取的对象套中，如下左图所示。释放鼠标即可选中区域内的图形、锚点和路径段，如下右图所示。

2.3.6 使用"选择"菜单命令

在Illustrator中一些选择命令可以更为快速、准确地选取对象。单击菜单栏中的"选择"菜单，在下拉菜单中可以看到相应的选择命令，在每个命令右侧有相应的快捷键，如下图所示。

选择(S)	效果(C)	视图(V)	窗口(W)	帮助(H)
全部(A)				Ctrl+A
现用画板上的全部对象(L)				Alt+Ctrl+A
取消选择(D)				Shift+Ctrl+A
重新选择(R)				Ctrl+6
反向(I)				
上方的下一个对象(V)				Alt+Ctrl+]
下方的下一个对象(B)				Alt+Ctrl+[
相同(M)				▶
对象(O)				▶
存储所选对象(S)...				
编辑所选对象(E)...				

- **全部**：选中文档中的全部对象，但被锁定的对象不会被选中。
- **现用画板上的全部对象**：在多个画板的情况下，执行该命令可以选择所使用的画板中的所有内容。
- **取消选择**：可将所有选中的对象取消选择，在空白区域单击即可取消选择所选对象。
- **重新选择**：该命令通常在选择状态被取消或者是选择了其他对象，要将前面选择的对象重新进行选中时使用。
- **反向**：该命令可以快速选择隐藏的路径、参考线和其他难于选择的未锁定对象。
- **相同**：与"魔棒工具"相似，在"选择>相同"命令子菜单中选择相应的命令，即可在文档中快速选择具有该属性的全部对象。
- **对象**：执行"选择>对象"命令，然后在子菜单中选取一种对象类型（画笔描边、剪切蒙版、游离点或文本对象等）相对应的命令，即可选择文件中所有该类型的对象。
- **存储所选对象**：使用该命令可用于保存特定的对象。
- **编辑所选对象**：执行该命令，在弹出的"编辑所选对象"对话框中选中要进行编辑的选择状态选项，即可编辑已保存的对象。

2.4 钢笔工具工具组

"钢笔工具" 是Illustrator中的非常重要的一个工具，使用钢笔工具可以绘制直线、曲线和任意形状的路径。我们还可以借助钢笔工具组中的其他工具对路径进行精确的调整，使其更加完美。

2.4.1 认识钢笔工具

在钢笔工具组中有四个工具："钢笔工具" 可以绘制路径，"添加锚点工具" 可以在路径上添加锚点，"删除锚点工具" 可以减去锚点，"转换锚点工具" 用于平滑点和角点的相互转换，下图为钢笔工具组中的工具。

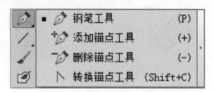

1. 钢笔工具

"钢笔工具" 是一款非常典型的矢量绘图工具，用于路径和图形的绘制。使用"钢笔工具"绘图的过程，可以理解为通过控制锚点的位置来绘制直线或曲线路径的过程。所以在路径绘制完成后可以选中锚点，并在控制栏中对锚点进行编辑，下图为"钢笔工具"的属性栏。

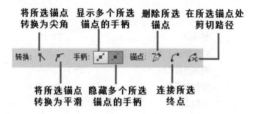

2. 添加锚点工具

使用"添加锚点工具" 在所选路径上通过单击来添加锚点，从而增强对路径形态的控制。选择工具箱中的"添加锚点工具" ，将光标移至路径上方，待光标变为 状，如下左图所示。然后在该位置单击即可添加锚点，如下右图所示。

3. 删除锚点工具

使用"删除锚点工具" 在已有的锚点上单击，即可删除该锚点，随着锚点的删除，路径的形态也会发生变化。选择"删除锚点工具" ，将光标移动至需要删除的锚点处，待光标变为 状，如下左图所示。单击鼠标左键即可删除锚点，如下右图所示。控制栏中的"删除锚点工具" 的效果与工具箱中的"删除锚点工具"是相同的。

4. 转换锚点工具

"转换锚点工具" 用于平滑点和角点的相互转换，在平滑点上单击即可转换为尖角的角点；在角点上按住鼠标并拖动，角点被转换为平滑点。选择工具箱中的"转换锚点工具" ，将光标移至角点处，如下左图所示。然后按住鼠标左键拖曳，如下中图所示。即可将角点转换为平滑点，如下右图所示。

> **提示** 在使用"钢笔工具"的状态下，将光标移动至路径上方，光标会变为 状，单击即可添加锚点；将光标移至锚点处，光标变为 形状，单击即可减去锚点；按住Alt键即会切换为"转换锚点工具"。

2.4.2　绘制与调整路径

01 选择工具箱中的"钢笔工具" （快捷键P），在画面中单击，创建第一个锚点，如下左图所示。松开鼠标后移动位置，再次单击鼠标左键建立第二个锚点，此时两个锚点连接成一个直线段路径，如下右图所示。

> **提示** 按住Shift键可以绘制水平、垂直或以45°角为增量的直线。

02 按住鼠标左键并拖曳，即可绘制带有弧度的曲线路径，此时的锚点为平滑点，如下图所示。

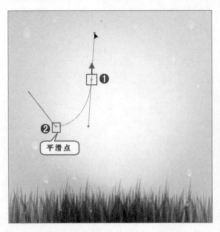
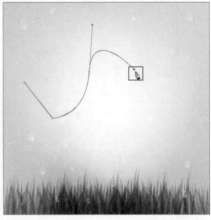

03 如果需要将平滑点转换为角点，可以使用"转换锚点工具"单击锚点，即可将平滑点转换为角点。如果要结束一段开放式路径的绘制，可以按住Ctrl键并在文档的空白处单击，然后单击工具箱中的其他工具，或者按下Enter键可以结束当前开放路径的绘制。

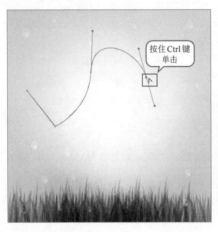

04 如果要将路径进行闭合，可以将光标移动至起始锚点处，当光标变为 形状，如下左图所示。单击即可闭合路径，如下右图所示。

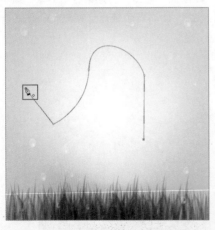

05 在开放路径中，选中不相连的两个端点，单击钢笔工具属性栏中的"连接所选择终点" 按钮，即可在两点之间建立路径进行连接，如下图所示。

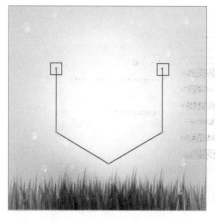
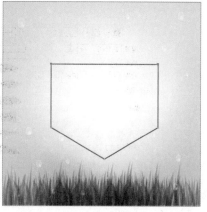

06 若要将一个锚点分割成两个锚点，可以先选中锚点，单击钢笔工具属性栏中的"在所选锚点处剪切路径"☒按钮，即可将所选的锚点分割为两个锚点，并且两个锚点之间不相连，如下图所示。

2.5 画笔工具

"画笔工具"☑是一款可以绘制出各种各样笔触的自由绘画工具，在"画笔库"中可以找到多种笔触效果。下图为应用画笔工具创建的各种优秀的设计作品。

2.5.1 使用画笔工具

单击工具箱中的"画笔工具"☑按钮，该工具是通过"描边"参数设置画笔的粗细。单击"描边"按钮，在弹出的选项面板中对描边的"粗细"、"端点"、"边角"等参数进行设置，在"变量宽度配置文件"下拉列表中可以对画笔的宽度配置进行设置，在"画笔定义"下拉面板中可以对"画笔工具"☑的笔触样式进行设置，如下图所示。

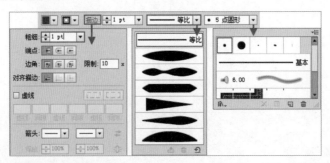

设置完成后在画面中按住鼠标左键并拖动进行绘制，如下左图所示。松开鼠标即可完成绘制，效果如下右图所示。

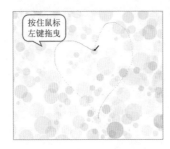

绘制完成后，选择绘制的路径，还可以重新在控制栏中更改画笔的属性。选择绘制的路径，在打开"画笔定义"下拉面板中选择一个新的笔触，如下左图所示。选择完成后可以发现路径发生了变化，效果如下右图所示。

2.5.2 使用画笔库

在Illustrator中有很多的画笔笔触可供选择，它们都集合在"画笔库"中。执行"窗口>画笔"命令，打开"画笔"面板，如下图所示。

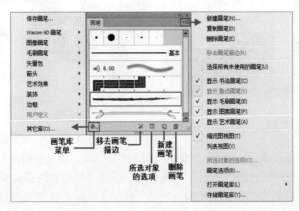

01 在"画笔"面板中单击"画笔库菜单"按钮 ，或执行"图像画笔>图像画布库"命令，如下左图所示。即会打开"图像画笔库"面板，如下右图所示。

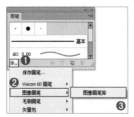 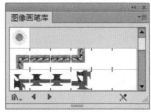

02 画笔描边并不是只能应用于画笔工具绘制出的路径，也可以应用在所有绘图工具创建的路径上。选择要应用画笔描边的路径，如下左图所示。然后单击相应的笔触，如下中图所示。此时路径会应用画笔描边，如下右图所示。若该段路径已经应用了画笔描边，则新画笔样式将取代旧画笔样式，应用于所选路径。

 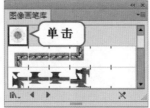 

2.5.3 定义新画笔

选择需要定义为画笔笔触的对象，如下左图所示。调出"画笔"面板后单击面板底部的"新建画笔" 按钮，在弹出的"新建画笔"对话框中设置新建画笔的类型，如下右图所示。

单击"新建画笔"对话框中的"确定"按钮，将弹出"艺术画笔选项"对话框，在该对话框中用户可以对新建画笔的"名称"、"宽度"等各项参数进行设置，然后单击"确定"按钮，如下左图所示。新创建的画笔将出现在"画笔"面板中，如下右图所示。

 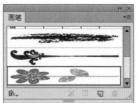

2.6　铅笔工具工具组

"铅笔工具"组中的工具可以用来绘制手绘效果的线条。使用"铅笔工具" 🖉 可以绘制线条，使用"平滑工具" 🖉 可以调整线条的平滑程度，使用"路径橡皮擦工具" 🖉 可以擦除或修改线条效果。

2.6.1　铅笔工具

使用"铅笔工具" 🖉 可以随意的在画板中绘制不规则的线条，在绘制过程中Illustrator会自动依据鼠标的轨迹来设定节点而生成路径。铅笔工具既能绘制闭合路径，又可以绘制开放的路径，还可以将已经存在的曲线节点作为起点，延伸绘制出新的曲线，从而达到修改的目的。

01 选择工具箱中的"铅笔工具" 🖉 或按快捷键N，在控制栏中设置合适的描边颜色及粗细，然后在画面中按住鼠标左键拖曳绘制，如下左图所示。绘制完成后松开鼠标，即可看到绘制的线条，如下右图所示。

02 如果要将绘制的线条进行闭合，首先选中绘制的路径，使用"铅笔工具"单击向另一条路径的端点拖动，开始拖动后按住Ctrl键，此时光标呈 🖉 状，如下左图所示。继续将光标拖动到另一条路径的端点处松开鼠标，即可将两条路径连接为一条路径，如下右图所示。

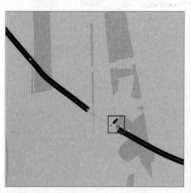 

> **提示** 在使用"铅笔工具"单击拖曳绘制路径的过程中，若按下Alt键，光标变为 🖉 状，此时若释放鼠标将创建返回原点的最短线段来闭合图形。

2.6.2　平滑工具

利用"铅笔工具"进行绘制的路径难免不够平滑，这时可以使用"平滑工具" 🖉 进行路径的调整。选中一条路径，如下左图所示。然后选择工具箱中的"平滑工具" 🖉，在路径上拖曳，这时不平滑的路径会变的平滑，且路径上的锚点也会减少，如下中图所示。继续进行路径的调整，直到路径达到所需平滑度，效果如下右图所示。

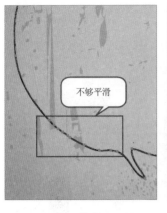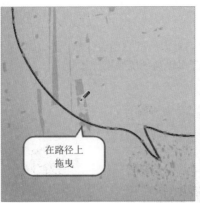

2.6.3 路径橡皮擦工具

"路径橡皮擦工具" 🖊可以擦除矢量对象的路径和锚点。

01 选取要擦除的路径对象，选择工具箱中的"路径橡皮擦工具" 🖊，在要擦除的位置上单击拖曳鼠标，如右图所示。

02 此时可以看到鼠标经过的位置，路径上方路径分开了。接着继续使用"路径橡皮擦工具"在锚点的位置上拖曳，随着拖曳鼠标，路径擦除的面积会随之增大，如右图所示。

2.7 斑点画笔工具

选择工具箱中的"斑点画笔工具" 🖊或按下快捷键Shift+B。接着在控制栏中设置合适的"描边"颜色和描边粗细，然后在文档中的适当位置单击并拖动鼠标进行绘制，如下左图所示。继续绘制新的路径时，当新的路径与其它的路径重叠，则所有交叉路径都会合并在一起，如下右图所示。

2.8　橡皮擦工具组

橡皮擦工具组主要用于擦除与分割对象，其中包含"橡皮擦工具" 、"剪刀工具" 和"刻刀工具" 三种工具，下图为使用橡皮擦工具创建的优秀设计作品。

2.8.1　橡皮擦工具

"橡皮擦工具" 可以随意地擦除矢量对象的部分内容，被擦除后的对象将转换为新的路径并自动闭合所擦除的边缘。

01 选择一个矢量对象，如下左图所示。选择工具箱中的"橡皮擦工具" ，然后在画面中拖曳，即可进行擦除矢量对象上的内容，如下中图所示。若要擦除图像中的规则区域，则按住Alt键拖曳，即可擦除规则区域，如下右图所示。

02 若要调整"橡皮擦工具"的笔尖角度、圆度和大小，可以双击工具箱中的"橡皮擦工具"按钮，在弹出的"橡皮擦工具选项"对话框中进行参数设置，如下图所示。

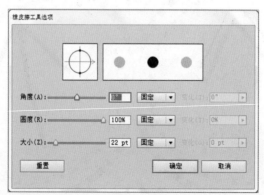

2.8.2 剪刀工具

"剪刀工具" ✄可以对矢量图形进行分割处理。选中一个矢量图形，如下左图所示。接着选择工具箱中的"剪刀工具" ✄，在路径上一个位置上单击后，再在另一个位置上单击，如下中图所示。随即这段路径就被切割为两个部分了，使用"移动工具"进行拖曳，可以看到切割效果如下右图所示。

2.8.3 刻刀工具

刻刀工具 ✐可以用于剪切路径和对象。使用该工具可以将图形分割为作为构成成分的填充表面。选择工具箱中的"刻刀"工具 ✐，在不选择任何对象的前提下，在画面中按住鼠标左键进行拖曳，如下左图所示。矢量对象就被分割为两个部分了，如下右图所示。

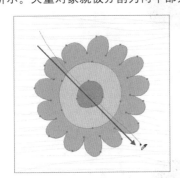 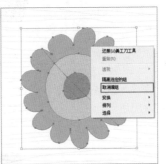 

提示 选择"刻刀"工具，按住Alt键将会以直线分割对象。

案例项目：使用剪刀工具制作分割效果LOGO

案例文件

使用剪刀工具制作分割效果LOGO.ai

视频教学

使用剪刀工具制作分割效果LOGO.flv

01 执行"文件>新建"命令，弹出"新建文档"对话框后，设置"大小"为A4，"取向"为横向后，单击"确定"按钮。单击工具箱中的"矩形工具"▢按钮，绘制与面板同样大小的矩形。接着为矩形应用渐变填充，选择矩形并执行"窗口>渐变"命令，打开"渐变"面板，然后设置"类型"为"径向"，编辑一个由白色到浅灰色的渐变，如下左图所示。渐变编辑完成后，背景效果如下右图所示。

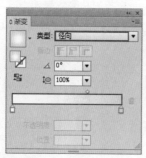 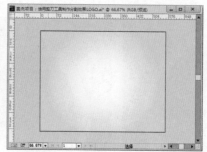

02 将填充设置为棕色，单击工具箱中的"多边形工具"▢按钮，在要绘制多边形的位置单击，在弹出的"多边形"对话框中设置"半径"为"115pt"，"边数"为5，如下左图所示。单击"确定"按钮，完成多边形的绘制，效果如下右图所示。

03 选定多边形，单击右键选择"变换>旋转"命令，弹出"旋转"对话框后设置"角度"为180度，参数设置如下左图所示，效果如下右图所示。

04 使用相同方法绘制多边形2，如下左图所示。执行"文件>置入"命令，置入素材"1.ai"，单击控制栏中的"嵌入"按钮 嵌入，完成置入，如下右图所示。

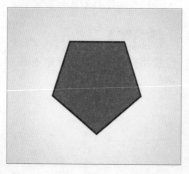 

05 选中稍小的多边形，使用快捷键Ctrl+C将其复制，再使用Ctrl+F将其粘贴到最前面，如下左图所示。接着选择这个多边形，选择工具箱中的"剪刀工具" ✂ ，在多边形上单击将其平均分为两份，如下右图所示。

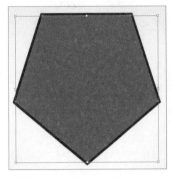 

06 单击工具箱中的"选择工具" ▶ 按钮，选中多边形的左半部分，在属性栏中设置"填充"为白色，如下左图所示。再设置"不透明度"为20%，效果如下中图所示。选中多边形的右半部分，设置"填充"为棕色，"不透明度"为30%，效果如下右图所示。

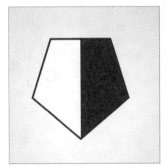  

07 单击工具箱中的"文字工具" T 按钮，选择合适的字体以及字号，键入文字，效果如下图所示。

2.9 符号工具

　　"符号喷枪工具" 🔲 最大的特点是可以方便、快捷地生成很多相似的图形对象。用户还可利用符号工具组中的其它工具灵活、快速地调整和修饰符号图形的大小、距离、色彩、样式等。在工具箱中按住"符号喷枪工具"按钮，可以在弹出的菜单中选择该组内的工具，如下左图所示。"符号喷枪工具" 🔲 要配合"符号"面板一起使用，执行"窗口>符号"命令，打开"符号"面板，如下右图所示。

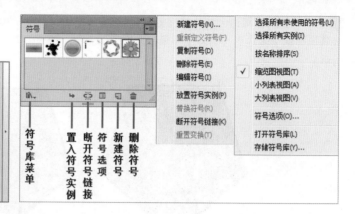

符号喷枪工具　（Shift+S）
符号移位器工具
符号紧缩器工具
符号缩放器工具
符号旋转器工具
符号着色器工具
符号滤色器工具
符号样式器工具

符号库菜单　置入符号实例　断开符号链接　符号选项　新建符号　删除符号

新建符号(N)...　　　选择所有未使用的符号(U)
重新定义符号(F)　　选择所有实例(I)
复制符号(D)　　　　按名称排序(S)
删除符号(E)
编辑符号(I)　　　　✓ 缩览图视图(T)
　　　　　　　　　　小列表视图(A)
放置符号实例(P)　　大列表视图(V)
替换符号(R)
断开符号链接(K)　　符号选项(O)...
重置变换(T)　　　　打开符号库(L)
　　　　　　　　　　存储符号库(Y)...

01 单击工具箱中的"符号喷枪工具" ⬚ 按钮，然后执行"窗口>符号"命令，打开"符号"面板，在符号面板中可以看到一些图形，这些图形就是"符号"，单击即可选择符号，如下左图所示。符号选择完成后，在画面中按住鼠标左键拖曳，即可在画面中置入符号，如下中图所示。松开鼠标就可以看到这些符号，效果如下右图所示。

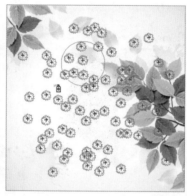

提示 在置入符号时，按住鼠标左键的时间越长，置入的符号就越多。若要删除符号，则选择该符号所在符号组，按住Alt键在相应位置单击拖动，即可删除符号。

02 若要移动符号的位置，可以使用"符号移位器工具" ⬚ 进行移动。首先使用"选择工具" ▶ 选择画面中的符号，然后选择"符号移位器工具" ⬚ ，在画面中按住鼠标左键拖曳，调整符号的位置，效果如下左图所示。使用"符号紧缩器工具" ⬚ 可以调整符号的密度，选中符号，单击工具箱中的"符号紧缩器工具"按钮 ⬚ ，在画面中按住鼠标左键拖曳，即可增加符号的密度，如下中图所示。若要使符号间远离，需要按住Alt键并单击或拖动，如下右图所示。

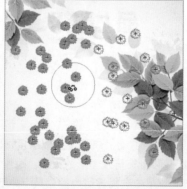

按住Alt键

03 使用"符号缩放器工具" 可以调整符号的大小。选中符号，单击工具箱中的"符号缩放器工具" 按钮，在需要放大的符号上方按住鼠标左键，即可放大符号，如下左图所示。若按住Alt键，并单击或拖动指定的符号实例，可以减小符号实例大小，如下右图所示。

按住Alt键

04 若想要旋转符号可以使用"符号旋转器工具" 进行旋转。单击工具箱中的"符号旋转器工具"按钮，在指定的符号实例上按住鼠标左键单击拖动，如下左图所示。即可对该符号做旋转处理，如下右图所示。

05 若要更改符号颜色，可以使用"符号着色器工具" 进行着色。选择需要重新着色的对象，单击工具箱中的"符号着色器工具"按钮，然后设置合适的填充颜色，如下左图所示。接着使用"符号着色器工具"在符号对象上单击，随即可以看到其颜色发生了改变，如下中图所示。单击次数越多，则注入符号的颜色越浓，如下右图所示。若要在上色后恢复符号的原始颜色，可以按住Alt键，在指定的上色符号上单击，即可逐渐绘制原始颜色。

单击

多次单击

06 使用"符号滤色器工具" 可以改变符号或符号组的透明度。选择要改变透明度的符号实例或符号组，使用"符号滤色器工具"在符号上单击即可改变符号的不透明度，如下左图所示。继续单击，使其逐渐转换为不透明效果，如下右图所示。若要恢复转换为不透明效果符号的原始效果，可以按住Alt键单击，即可逐渐还原起原始效果。

07 使用"符号样式器工具" 可以将指定的图形样式应用到指定的符号实例中，该工具通常和"图形样式"面板结合使用。选择符号对象，单击工具箱中的"符号样式器工具" 按钮，执行"窗口>图像样式"命令，打开"图形样式"面板，在该面板中单击所需的样式，如下左图所示。然后使用"符号样式器工具"在符号对象上单击，即可在符号中出现相应的样式效果，如下右图所示。

2.10 图表工具

在进行平面设计时，经常需要制作图表以便清晰地展示数据。在Illustrator中有9种不同的图表工具，可以满足不同的创建需求。下面左图为含图表的设计作品，中图和右图为根据饼形图进行创作的创意设计作品。

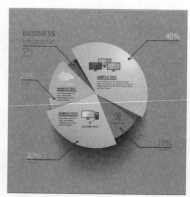

2.10.1　认识各类图表工具

按住工具箱中的"柱形图工具"▥按钮，在弹出的隐藏工具组中可以看到Illustrator包含的9种图表工具，如下图所示。

- ▥**柱形图工具**：柱形图常用于显示一段时间内的数据变化或显示各项数据之间的比较情况，可以较为清晰地表现出数据，如下左图所示。
- ▥**堆积柱形图工具**：堆积柱形图工具创建的图表与柱形图类似，但是堆积柱形图是一个个堆积而成的，而柱形图只是一个，如下中图所示。
- ▤**条形图工具**：条形图与柱形图的区别在于，条形图是横向的柱形，如下右图所示。

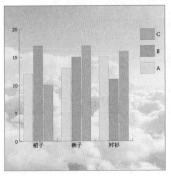
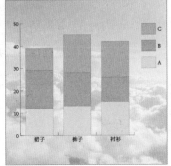
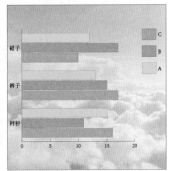

- ▤**堆积条形图工具**：堆积条形图是条形图水平堆积的效果，如下左图所示。
- ▨**折线图工具**：折线图可以显示类似随时间而变化的连续数据，因此非常适用于显示在相等时间间隔下数据的变化趋势，如下中图所示。
- ▨**面积图工具**：面积图与折线图的区别在于，面积图被填充颜色，如下右图所示。

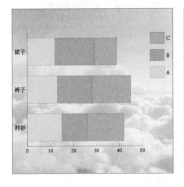
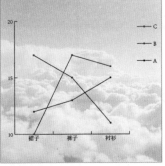
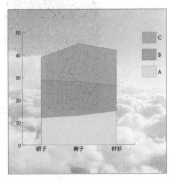

- ▨**散点图工具**：散点图通俗来说就是数据点在直角坐系平面上的分布图，如下左图所示。
- ◕**饼图工具**：饼图最大的特点是可以显示每一个部分在整个饼图中所占的百分比，如下中图所示。
- ◉**雷达图工具**：雷达图又称为戴布拉图、蜘蛛网图，常用于财务分析报表，如下右图所示。

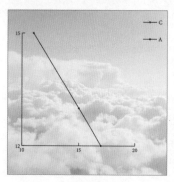 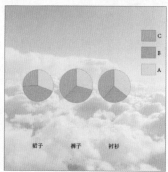 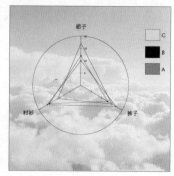

2.10.2 创建图表

虽然在Illustrator中有9种图表工具，但是他们创建图表的方式却基本相同。在本节中主要以"柱形图工具"⬛为例来学习如何创建图表。

01 单击工具箱中的"柱形图工具"⬛按钮，在画面中按住鼠标左键拖曳，即可手动绘制创建图表，如下左图所示。也可以输入精确的数值来创建图表，在要创建图表的位置单击，在弹出的"图表"对话框中输入图表的"宽度"和"高度"值，如下右图所示。

02 松开鼠标后，随即弹出"图表数据"窗口，如下左图所示。在其中输入图表的数据，如下右图所示。

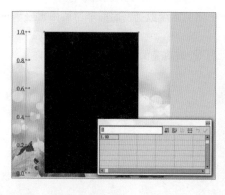 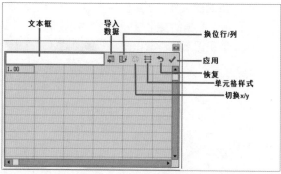

- **导入数据**：单击"导入数据"按钮🔳，在打开的"导入图表数据"对话框中选择所需的文本文件。
- **换位行/列**：在进行数据输入时，如果不小心输反图表数据（即在行中输入了列的数据，在列中输入了行数据），则单击"换位行/列"按钮🔳，以切换数据行和数据列。
- **切换x/y**：若要切换散点图的x轴和y轴，单击"切换 X/Y"按钮🔳即可。
- **应用**：单击"应用"按钮☑，或者按下Enter键，以重新生成图表。

03 输入完成后单击"应用"按钮☑，如下左图所示。此时柱形图效果如下右图所示。

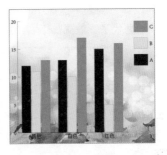

04 若要更改图表的颜色，可以使用"直接选择工具" ⮕ 选择更改颜色，如下左图所示。对已创建好的图表也可以对图表类型进行更改，执行"对象>图表>类型"命令，或双击工具箱中的"柱形图工具" ⬛ 按钮，弹出"图表类型"对话框，通过该对话框可以对图表类型进行转换，如下右图所示。

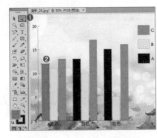

知识延伸：创建艺术化的图表

01 选择一个要作为图表元素的图形对象，执行"对象>图表>设计"命令，在弹出的"图表设计"对话框中单击"新建设计"按钮，此时即可将选中的对象作为图表的设计元素。

02 接下来将图表设计重新命名，单击"图表设计"对话框右侧的"重命名"按钮，在弹出的对话框中设置"名称"为"小花"，然后单击"确定"按钮，完成设置。

03 绘制一个柱形图，如下左图所示。选择该柱形图，执行"对象>图表>柱形图"命令，在"图表列"对话框中的"选取列设计"列表中选择"小花"选项，单击"确定"按钮，如下中图所示。此时图表中的柱形部分就被花朵所替代了，效果如下右图所示。

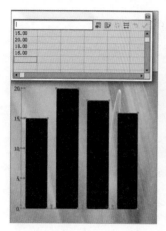 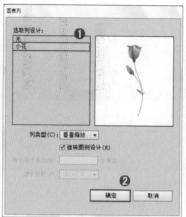 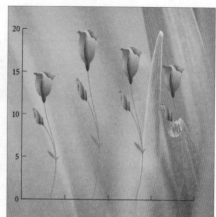

 上机实训：使用多种绘图工具制作网站首页

案例文件

使用多种绘图工具制作网站首页.ai

视频教学

使用多种绘图工具制作网站首页.flv

步骤 01 执行"文件>新建"命令，在弹出的"新建文档"对话框中设置"宽度"为1024像素，"高度"为658像素，"取向"为横向，参数设置如下图所示。

步骤 02 单击工具箱中的"矩形工具" ⬜ 按钮，绘制与画板同样大小的矩形。选中矩形，在属性栏中设置"填充"为蓝色，效果如下图所示。

 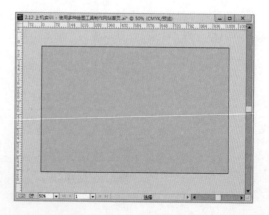

步骤 03 单击工具箱中的"多边形工具" ⬡ 按钮，在需要绘制的位置上单击，在弹出的"多边形"对话框中设置"半径"为60px，"边数"为3，参数设置如下图所示。选中三角形，在控制栏中设置"填充"为蓝色并查看效果。

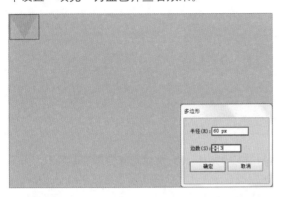

步骤 04 接着单击工具箱中的"矩形工具" ▭ 按钮，在需要绘制的位置上单击，在弹出的"矩形"对话框中设置"宽度"为230像素，"高度"为230像素。选中矩形，在属性栏中设置"填充"为白色，效果如下图所示。

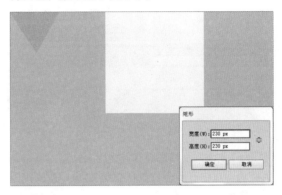

步骤 05 单击工具箱中的"直接选择工具" ▷ 按钮，按住Shift键选中矩形底部的两个锚点，如下图所示。

步骤 06 然后选中底边向左水平拖曳，效果如下图所示。

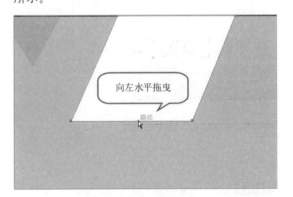

步骤 07 利用相同的方法制作其他部分的三角形与矩形。然后利用上述方法绘制一个平行四边形，在工具箱中单击"渐变工具" ▭ 按钮，执行"窗口>渐变"命令，在弹出的"渐变"面板中设置"类型"为"线性"，"角度"为1.6度，"颜色"为绿色系渐变，参数设置如下图所示，效果如右下图所示。

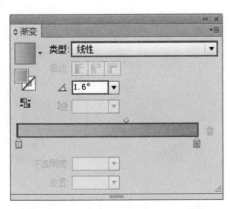

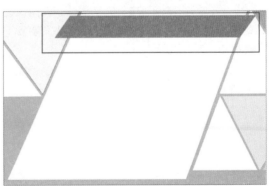

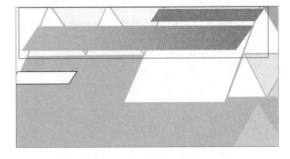

步骤 08 利用相同的方法创建其他部分的渐变和矩形，如下图所示。

步骤 09 接着为画面绘制圆形部分。单击工具箱中的"椭圆工具" 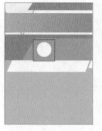 按钮，按住Shift键绘制正圆形，绘制完成后选中圆形，在控制栏中设置"填充"为白色，如下左图所示。利用相同方法绘制其他部分。

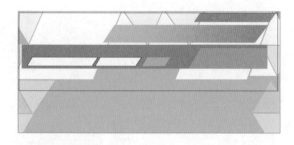

步骤 10 制作网页标志。在属性栏中设置"填充"为蓝色，单击工具箱中的"钢笔工具" 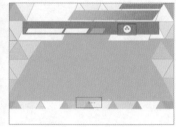 按钮，绘制路径，如下图所示。

步骤 11 利用同样方法绘制其它不规则图形，如下左图所示。再使用"多边形"工具，绘制三角形，效果如下右图所示。

步骤 12 执行"文件>打开"命令，打开素材"1.ai"，将素材"1.ai"中的文字框选，使用快捷键Ctrl+C复制，再使用快捷键Ctrl+V将文字复制到画板中，如右图所示。

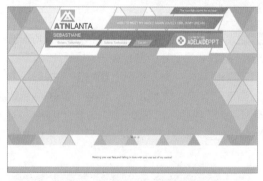

步骤 13 执行"文件>置入"命令，置入素材"2.jpg"，单击"嵌入"按钮 嵌入 ，完成置入。按住Shift键拖曳控制点将其等比例缩放至合适大小，最终效果如右图所示。

课后练习

1. 选择题

(1) 以下_____可以将平滑点转换为角点?

　　A. 钢笔工具 　　　　　　　　　　B. 添加锚点工具
　　C. 删除锚点工具 　　　　　　　　D. 转换锚点工具

(2) 当画面中有颜色相近的图像时,使用_____可以快速地选择这些颜色相近的对象?

　　A. 魔棒工具 　　　　　　　　　　B. 套索工具
　　C. 选择工具 　　　　　　　　　　D. 编组选择工具

(3) 在图表工具组中有_____工具?

　　A. 7种 　　　　　　　　　　　　B. 8种
　　C. 9种 　　　　　　　　　　　　D. 10种

2. 填空题

(1) 使用"矩形工具"绘制矩形时,在绘制时按住_____键拖曳鼠标,可以绘制正方形;按住_____键拖曳鼠标,可以绘制由鼠标落点为中心点向四周延伸的矩形。

(2) 使用"刻刀工具"时,按住_____键将会以直线分割对象。

(3) 在绘制弧线的过程中,按下键盘上的_____和_____,可以调整弧线的弧度。

3. 上机题

　　本案例主要使用了本章所学的工具绘制图形,例如使用钢笔工具、星形工具进行绘制。制作时要注意图形之间的关系,尤其是在制作星形时,要注意图形的颜色变化。这样才能制作出立体的效果,案例最终效果如下图所示。

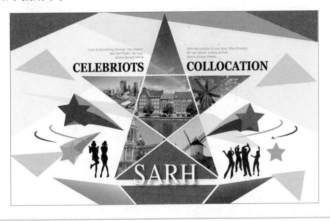

Chapter 03 矢量图形的编辑

本章概述

Illustrator提供了多种用于图形变换和形态编辑的工具，例如工具箱中的旋转工具、比例缩放工具、液化变形工具组等。通过这些工具的使用，可以使绘制的基本图形产生千变万化的效果。本章主要讲解这些用于矢量图形编辑的工具命令的使用方法。

核心知识点

1. 掌握对象变换的多种方法
2. 学会如何编辑路径对象
3. 了解并学习各种变形工具中的应用
4. 掌握混合工具的使用和编辑方法
5. 学会如何对对象进行锁定、隐藏、编组等管理操作

3.1 对象的变换

对象的变换是指将画面中的对象进行移动、旋转、镜像、缩放、倾斜、自由变换、封套扭曲变形、形状生成等操作，要进行这些操作既可以使用相应的命令，也可以使用工具箱中的工具。

3.1.1 移动对象

使用"选择工具" ▶ ，单击需要移动的对象。然后按住鼠标左键并拖动，即可将其进行移动。也可在选中对象的状态下，按键盘上的上、下、左、右方向键进行位置的微调。

如果要进行精准的移动，可以选中要移动的对象，执行"对象 > 变换 > 移动"命令或使用快捷键Ctrl+Shift+M，打开"移动"对话框。在这里可以对移动的距离和角度进行精确的设置，如下图所示。

> **提示** 在移动对象的同时按住Alt键，可以复制相应的对象。

3.1.2 旋转对象

对象的旋转分为精确旋转和不精确旋转两种方式。精确旋转是指通过精确的角度设置进行旋转，可以利用"旋转"对话框进行角度数值设置。在不需要精确旋转时，可以通过使用"旋转工具"手动进行旋转。

01 选中需要旋转的对象，单击工具箱中的"旋转工具" ⟳ 按钮或使用快捷键R，接着在画面中按住鼠标左键进行拖曳，即可对其进行旋转，如下左图所示。在使用"旋转工具"时，选中的对象中心位置有个"中心点"，该点是用来控制旋转的中心的位置的，拖曳"中心点"即可移动其位置，如下中图所示。将"中心点"移动到图像的左上角并旋转，效果如下右图所示。

02 想要精确旋转对象，可以执行"对象>变换>旋转"命令，弹出"旋转"对话框，如下左图所示。在该对话框中，可以在"角度"数值框中输入数值，精确设置旋转角度，也可通过拖曳 中的指针来设置旋转角度，设置完成后单击"确定"按钮确认旋转角度。若单击"复制"按钮，可将选中的对象复制一份并旋转，如下右图所示。

> **提示** 双击工具箱中的"旋转工具"按钮，也可以打开"旋转"对话框。

3.1.3 镜像对象

"镜像"对象是指将对象在水平方向或垂直方向上进行翻转。

选中需要编辑的对象，如下左图所示。双击工具箱中的"镜像工具" 按钮，弹出"镜像"对话框，在对话框中可以将轴设置为"水平"或"垂直"，也可通过"角度"选项定义角度，如下中图所示。下右图为径向为"垂直"的效果。

3.1.4 比例缩放工具

比例缩放是指在不改变对象基本形状的状态下，改变对象的水平和垂直尺寸。

选择需要编辑的对象，单击工具箱中的"比例缩放工具" 按钮或使用快捷键S，然后拖曳鼠标即可进行比例缩放，如下左图所示。在进行缩放时按住Shift键可以等比缩放，如下中图所示。想要精确设置比例缩放的数值，需要双击"比例缩放工具"按钮，在弹出的"比例缩放"对话框中进行相应的设置，如下右图所示。

- **等比**：当选择"等比"单选按钮时，可以控制等比缩放的百分比。
- **不等比**：当选择"不等比"单选按钮时，可以设置"水平"和"垂直"的百分比。
- **比例缩放描边和效果**：勾选"比例缩放描边和效果"复选框，即可随对象一起对描边路径以及任何与大小相关的效果缩放进行缩放。

3.1.5　倾斜对象

"倾斜工具"可以使对象产生水平或垂直方向的倾斜效果。

选中需要倾斜的对象，单击"倾斜工具" 按钮，按住鼠标左键并拖动，即可对所选对象进行倾斜处理，如下左图所示。在拖曳时，按住Shift键，即可以45°的倍数值进行倾斜，如下中图所示。双击工具箱中的"倾斜工具"按钮，在弹出的"倾斜"对话框中，可以进行精确数值的设置，如下右图所示。

- **倾斜角度**：用来设置对象倾斜的角度。
- **轴**：选择"水平"单选按钮后，对象可以水平倾斜；选择"垂直"单选按钮后，对象可以垂直倾斜；选择"角度"单选按钮，可以调节倾斜的角度。
- **选项**：该选项只有在对象填充了图案的时候才能激活。勾选"变换对象"复选框时，将只能倾斜对象；勾选"变换图案"复选框时，对象中填充的图案将会随着对象一起倾斜。

3.1.6　再次变换对象

在对图形进行变换后，执行"对象>变换>再次变换"命令，可对所选对象进行重复变形操作。

对象的原始效果如下左图所示。选择画面中的卡通形象并将其进行旋转，如下中图所示。再次选中卡通形象，接着执行"对象>变换>再次变换"命令或使用快捷键Ctrl+D，此时可以看到卡通形象再次以相同的角度进行旋转了，如下右图所示。

3.1.7 分别变换对象

　　使用"分别变换"命令时，可以将所选的多个对象按照各自的中心点进行单独变换。

　　选择画面中的多个对象，如下左图所示。执行"对象>变换>分别变换"命令（快捷键Ctrl+Shift+Alt+D）。在弹出的"分别变换"对话框中，可以进行变换参数的设置，如果勾选"随机"复选框，将对调整的参数进行随机的变换，如下中图所示。此时的变换效果如下右图所示。

3.1.8 使用"整形工具"改变对象形状

　　"整形工具" 可以通过非常简单的操作，使对象产生变形的效果。

　　使用"直接选择工具" 选中一段路径，如下左图所示。接着单击工具箱中的"整形工具" 按钮，在路径上单击添加锚点，拖曳锚点可将路径进行变形，松开鼠标后可以看到图形发生了相对应的变化，如下右图所示。

3.1.9 自由变换工具

使用"自由变换工具" 中的工具可以对图像进行透视和自由扭曲等操作。

01 选择画面中的卡通形象，单击工具箱中的"自由变换工具" 按钮，即可看到"自由变换"的四种形式，如下左图所示。选择"自由变换" 工具在画面中拖曳，其使用方法与使用"移动工具"进行缩放、旋转是一样的。如下右图所示为使用"自由变换"工具进行缩放的效果。若要限定缩放的比例，可以单击"限定"按钮 。

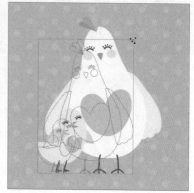

02 使用"透视扭曲" 工具，可以将选中的对象进行透视扭曲。选中画面中的卡通形象，单击"透视扭曲"工具按钮 ，然后按住并拖曳控制点，通过拖曳可以看到图形产生了透视变化，如下左图所示。松开鼠标完成透视扭曲操作，效果如下右图所示。

03 使用"自由扭曲" 工具可以将选中的对象根据自己的需要进行自由扭曲。选中画面中卡通形象，选中"自由扭曲" 工具，然后拖动控制点，随着拖曳可以发现图形产生了随意的扭曲效果，如下图所示。

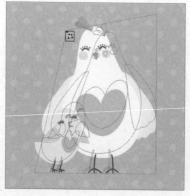

3.1.10　封套扭曲变形

"封套扭曲"可以对矢量图形和位图对象进行变形操作。Illustrator的封套变形方式有三种："用变形建立"、"用网格建立"和"用顶层对象建立"。

1. 用变形建立

选择画面中的图形部分，如下左图所示。执行"对象>封套扭曲>用变形建立"命令，"用变形建立"命令可以将选中的对象以内置的几种预设方式进行变形。在弹出"变形选项"对话框中，选择一种变形样式并设置选项，如下右图所示。

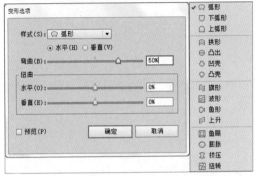

● **样式**：在该下拉表中选择不同选项，可以定义不同的变形样式。在列表中可以选择"弧形"、"下弧形"、"拱形"、"凸出"、"凹壳"、"凸壳"、"旗形"、"波形"、"鱼形"、"上升"、"鱼眼"、"膨胀"、"挤压"和"扭转"等选项。

● **水平/垂直**：选择"水平"单选按钮时，文本扭曲的方向为水平方向，如下左图所示。选择"垂直"单选按钮时，文本扭曲的方向为垂直方向，如下右图所示。

● **弯曲**：控制文本的弯曲程度，下图所示分别是"弯曲"为-50%和50%时的效果。

● **水平扭曲**：控制水平方向的透视扭曲变形的程度，下图分别是"水平扭曲"为-50%和50%时的扭曲效果。

● **垂直扭曲**：控制垂直方向的透视扭曲变形的程度，下图分别是"垂直扭曲"为-50%和50%时的扭曲效果。

2. 用网格建立

选中画面中的对象，执行"对象>封套扭曲>用网格建立"命令（快捷键Ctrl+Shift+W），可以在对象表面创建网格和锚点，通过调整锚点的位置可以修改其形状。随即会打开"封套网格"对话框，在该对话框中可以设置封套网格的"行数"与"列数"，如下左图所示。设置完成后单击"确定"按钮，可以看到封套网格效果。接着使用"直接选择工具" 选中并拖曳网格点，即可进行变形，如下右图所示。

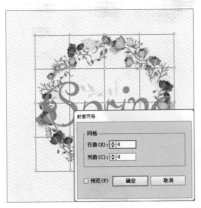

3. 用顶层对象建立

"用顶层对象建立"命令是以顶层对象为基本轮廓，来变换底层对象的形状。顶部对象应为矢量对象，底部对象可以是矢量对象也可以是位图对象。

选择两个对象，如下左图所示。执行"对象>封套扭曲>用顶层对象建立"命令，顶层对象会被隐藏，底层对象会产生扭曲效果，如下右图所示。

4. 释放或扩展封套

执行"对象>封套扭曲>释放"命令，可以将封套对象去除，还原图像效果。

执行"对象>封套扭曲>扩展"命令，可以将封套的效果扩展为路径。

5. 编辑内容

若需要编辑处于封套扭曲中的对象，可以执行"对象>封套扭曲>编辑内容"命令，执行命令后会显示路径。

编辑完成后本体将自动进行封套的变形，若要确定编辑或退出编辑，则需再次执行"对象>封套扭曲>编辑封套"命令。

3.2 编辑路径对象

路径创建完成后，可以根据自身的需要对路径进行编辑。编辑路径不仅仅是使用"直接选择工具" 拖曳锚点，还可通过使用"对象>路径"菜单下的命令，来编辑路径对象。

3.2.1 "连接"命令

"连接"命令既可以将开放的路径闭合，也可以将多个路径连接在一起。

选中要连接在一起的路径，如下左图所示。接着执行"对象>路径>连接"命令（快捷键Ctrl+J），即可看到路径被连接上了，如下右图所示。

3.2.2 "平均"命令

"平均"命令可以将所选择的锚点排列在同一条水平线或垂直线上。

选中画面中的卡通形象，如下左图所示。接着执行"对象>路径>平均"命令（快捷键Ctrl+Alt+J），随即弹出"平均"对话框。在该对话框中可以设置平均的"轴"为"水平"、"垂直"或"二者兼有"，如下中图所示。当设置"轴"为"垂直"单选按钮时，所有的锚点都排列在一条垂直线上，如下右图所示。

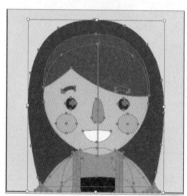  

3.2.3 "轮廓化描边"命令

对象的描边是依附于路径存在的，执行"轮廓化描边"命令，可以将路径转换为独立的填充对象。

选中画面中的圆角矩形，接着执行"对象>路径>轮廓化描边"命令。然后选择描边进行拖曳，可看到描边部分将被转换为轮廓，也就是可独立设置填充和描边内容的对象，如下图所示。

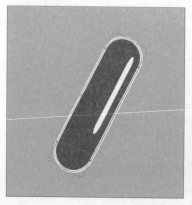 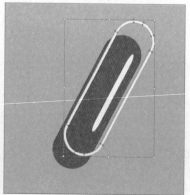

3.2.4 "偏移路径"命令

"偏移路径"命令可对路径的位置进行扩大或收缩调整。

选中青色的正圆，如下左图所示。执行"对象>路径>偏移路径"命令，在打开的"偏移路径"对话框中，进行参数的设置，如下中图所示。当数值为正值时，路径的范围将变大，效果如下右图所示。

3.2.5 "简化"命令

"简化"命令可以删除路径中多余的锚点，并且减少路径上的细节。选择路径，执行"对象>路径>简化"命令，将打开"简化"对话框。

- 曲线精度：简化路径与原始路径的接近程度。越高的百分比，将创建越多点，并且越接近。除曲线端点和角点外的任何现有锚点将忽略。
- 角度阈值：控制角的平滑度。如果角点的角度小于角度阈值，将不更改该角点。"曲线精度"值越低，越有助于保持角锐利。
- 直线：在对象的原始锚点间创建直线。如果角点的角度大于"角度阈值"中设置的值，将删除角点。
- 显示原路径：显示简化路径背后的原路径。

3.2.6 "添加锚点"命令

执行"添加锚点"命令可以快速为路径添加锚点。

选择画面中的图形，如下左图所示。接着执行"对象>路径>添加锚点"命令，可以快速而均匀地在路径上添加锚点，如下右图所示。

3.2.7 "移去锚点"命令

选中需要删除的锚点，执行"对象>路径>移去锚点"或按下Delete键，即可删除所选锚点。

3.2.8 "分割为网格"命令

"分割为网格"命令可以将封闭路径对象转换为网格。选中要分割为网格的路径，如下左图所示。执行"对象>路径>分割为网格"命令，在打开的对话框中将所选对象转换为网格对象，如下中图所示。效果如下右图所示。

 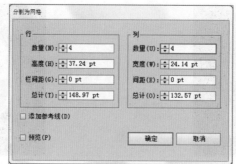 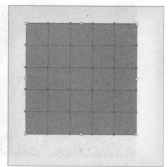

- **数量**：输入相应的数值，定义对应的行或列的数量。
- **高度**：输入相应的数值，定义每一行/列的高度。
- **栏间距**：输入相应的数值，定义行/列与行/列之间的距离。
- **总计**：输入相应的数值，定义行与列间距和数值总和的尺寸。
- **添加参考线**：勾选该复选框时，将按照相应的表格自动定义出参考线。

3.2.9 "清理"命令

"清理"命令可用于快速删除文档中的游离点、未上色对象及空文本路径。

执行"对象>路径>清理"命令，可以在弹出的对话框中设置要清理的对象，如右图所示。

- **游离点**："游离点"复选框用于删除没有使用的单独锚点对象。
- **未上色对象**："未上色对象"复选框用于删除没有认定填充和描边颜色的路径对象。
- **空文本路径**："空文本路径"复选框用于删除没有任何文字的文本路径对象。

3.2.10 "路径查找器"面板

"路径查找器"面板是非常常用的面板之一，使用该面板可对重叠的对象通过指定的运算后，形成复杂的路径，以得到新的图形对象。是图形设计、标志设计常用的功能。

将画面中的两个形状选中，如下左图所示。接着执行"窗口>路径查找器"命令（快捷键Shift+Ctrl+F9），打开"路径查找器"面板。选择需要操作的对象，在"路径查找器"面板中单击相应的按钮，即可实现不同的应用效果，如下右图所示。

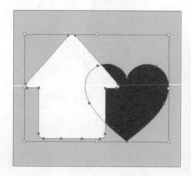 

- **联集**[image]：描摹所有对象的轮廓，就像是已合并的对象一样，如下左图所示。
- **减去顶层**[image]：从最后面的对象中减去最前面的对象，如下中图所示。
- **交集**[image]：描摹被所有对象重叠的区域轮廓，如下右图所示。

- **差集**[image]：描摹对象所有未被重叠的区域，并使重叠区域透明，如下左图所示。
- **分割**[image]：将一份图稿分割为作为其构成成分的填充表面。将图形分割后，可以将其取消编组查看分割效果，如下中图所示。
- **修边**[image]：删除已填充对象被隐藏的部分。单击该按钮，会删除所有描边，且不会合并相同颜色的对象，将图形修边后，可以将其取消编组擦看修边效果，如下右图所示。

- **合并**[image]：删除已填充对象被隐藏的部分。单击该按钮，会删除所有描边，且会合并具有相同颜色的相邻或重叠的对象。
- **裁剪**[image]：将图稿分割为作为其构成成分的填充表面，然后删除图稿中所有落在最上方对象边界之外的部分，这还会删除所有描边。
- **轮廓**[image]：将对象分割为其组件线段或边缘。
- **减去后方对象**[image]：从最前面的对象中减去后面的对象。

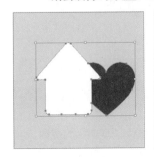 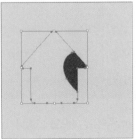 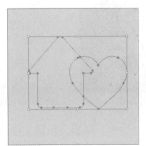 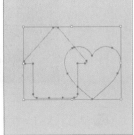

3.2.11 形状生成器工具

"形状生成器工具" ⬚可以将多个简单图形合并为一个复杂的图形，还可以分离、删除重叠的形状，快速生成新的图形。

将画面中的两个图形选中，然后单击工具箱中的"形状生成器工具" ⬚按钮，将光标移至图形的上方，光标会变为▶状，如下左图所示。接着在图形上方拖曳光标，如下中图所示。松开鼠标即可看到一个新的图形，效果如下右图所示。

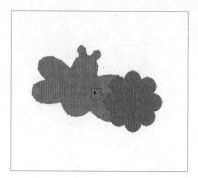  

如果要删除图形，则按住Alt键，此时指针变为▶状，在需要删除的位置单击，即可将其删除，如下中图所示。若有连续需要删除的区域，可以按住鼠标左键拖曳进行删除，如下右图所示。

案例项目：使用"路径查找器"面板制作圆环海报

案例文件

使用路径查找器制作圆环海报.ai

视频教学

使用路径查找器制作圆环海报.flv

01 执行"文件>新建"命令，弹出"新建文档"对话框后，设置"大小"为A4，"取向"为竖向。参数设置如下左图所示。在属性栏中设置"填充"为紫色。单击工具箱中的"矩形工具" ▢按钮，绘制与画板同样大小的矩形，如下右图所示。

中文版Illustrator CC艺术设计精粹案例教程

02 单击工具箱中的"椭圆工具" ◯ 按钮，在画面中单击，弹出"椭圆"对话框后设置"宽度"为330mm，"高度"为330mm，创建的正圆如下左图所示。选中该正圆，在属性栏中设置"填充"为橘红色。如下左图所示。再使用"椭圆工具"，绘制另一个正圆形。使用"选择工具"将两个圆形加选，再单击属性栏中的"水平居中对齐"按钮 🎛 与"垂直居中对齐"按钮 🎛 ，将圆形对齐。如下右图所示。

03 使用"选择工具"选中两个正圆形，移至画板中。执行"窗口>路径查找器"命令，打开"路径查找器"面板，单击"减去顶层"按钮 🗔 ，效果如下左图所示。单击工具箱中的"矩形工具" ▢ 按钮，在底部绘制一个矩形，如下中图所示。使用"选择工具"选中圆环和矩形，在"路径查找器"面板中，再次单击"减去顶层"按钮 🗔 ，效果如下右图所示。

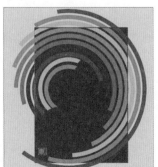
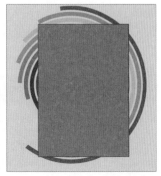

04 选中圆形图形，进行旋转，效果如下左图所示。利用上述方法，制作其他部分，如下中图所示。接下来单击工具箱中的"矩形工具" ▢ 按钮，绘制与画板同样大小的矩形，如下右图所示。

05 然后使用"选择工具"框选画面中的所有图形，执行"对象>剪切蒙版>建立"命令，创建剪切蒙版，矩形以外的区域被隐藏，如下左图所示。单击工具箱中的"椭圆工具"按钮，设置"填充"为背景色，绘制一个正圆形，放置在如下中图所示的位置。最后为画面添加文字，单击工具箱中的"文字工具" T 按钮，选择合适的字体以及字号，键入文字，最终效果如下右图所示。

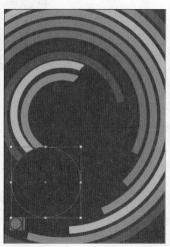

3.3　对象变形工具

在Illustrator工具箱中，有一组工具主要用于使图形产生变形、扭曲、膨胀、晶格化等效果。这些工具的使用方法很简单，需要在路径上按住鼠标并进行拖动即使图形发生变化。该工具组如下图所示。

3.3.1　宽度工具

"宽度工具" 用于调整路径上描边的宽度。

选中矢量对象，选择工具箱中的"宽度工具" 选项，将光标移动至路径上，待光标变为 状，如下左图所示。接着按住鼠标左键拖曳，可以看到描边部分变宽了，如下中图所示。松开鼠标查看效果，如下右图所示。

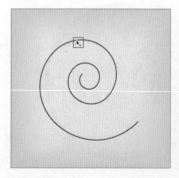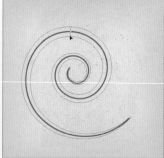

中文版Illustrator CC艺术设计精粹案例教程

3.3.2　变形工具

"变形工具" 可以使对象按照鼠标移动的方向产生自然的变形效果。

选中需要调整的对象，选择工具箱中的"变形工具"选项或使用其快捷键Shift+R，在图形上按住鼠标左键拖曳，如下左图所示。随着拖曳可以看见鼠标经过的位置图形发生了相应的变化，如下中图所示。

若要设置"变形工具"的笔尖大小，可以双击工具箱中的"变形工具"按钮，在打开的"变形工具选项"对话框中对笔尖的"宽度"、"高度"、"角度"和"强度"进行设置，如下右图所示。在使用其它的变形工具时，也可以通过双击工具箱中的图标按钮的方式，打开相对应的对话框进行设置。

> **提示** 变形工具的笔尖大小可以通过按住Alt键拖曳来快速调整；按住Shift+Alt键拖曳，笔尖可以保证为等比调整。

3.3.3　旋转扭曲工具

"旋转扭曲工具"可以在矢量对象上产生旋转的扭曲变形效果。

选中画面中的图形，选择"旋转扭曲工具"选项，然后在图形上方按住鼠标左键，随即图形会发生扭曲变化，如下左图所示。在进行扭曲时，按住鼠标左键的时间越长，扭曲的程度越强，效果如下右图所示。

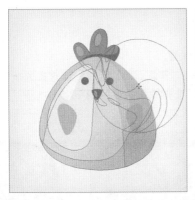

> **提示** 正常情况下使用"旋转扭曲工具"进行扭曲的效果为逆时针扭曲，如果要更改旋转的方向，可以双击该工具的图标，打开"旋转扭曲工具选项"对话框，将"旋转扭曲速率"参数设置为负值，即可将让扭曲效果变为顺时针扭曲。

3.3.4　缩拢工具

"缩拢工具"可以使矢量对象产生向内收缩的变形效果。

选择工具箱中的"缩拢工具"选项，在对象上按住鼠标左键，相应的图形即会发生收缩变化，如下左图所示。按住的时间越长，收缩的程度越强，如下右图所示。

3.3.5　膨胀工具

　　"膨胀工具" 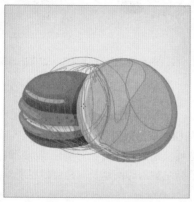可以在矢量对象上产生膨胀的效果。

　　选择矢量对象，使用"膨胀工具"在图形上按住鼠标左键，相应的对象即会发生膨胀变形，如下左图所示。按住的时间越长，膨胀变形的程度就越强，如下右图所示。

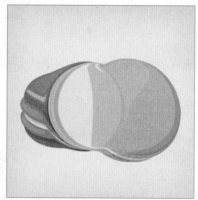

3.3.6　扇贝工具

　　"扇贝工具"可以在矢量对象上产生锯齿变形效果。

　　选择矢量对象，如下左图所示。选择工具箱中的"扇贝工具"选项，在对象上按住鼠标左键，所选图形即会发生"扇贝"变形，按住鼠标的时间越长，变形效果越强。如下中图所示。下右图为使用"扇贝工具"制作的变形效果。

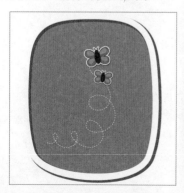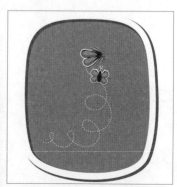

3.3.7　晶格化工具

"晶格化工具" ⚙可以在矢量对象上产生推拉延伸的变形效果。

使用"晶格化工具"在对象上按住鼠标左键，所选图形即会发生"晶格化"变化，如下左图所示。按住鼠标的时间越长，变形效果越强，如下右图所示。

3.3.8　褶皱工具

"褶皱工具" ⚙可以在矢量对象的边缘处产生褶皱变形的效果。选择画面中的内容，如下左图所示。使用"褶皱工具"在对象上按住鼠标左键，相应的图形边缘即会发生褶皱变形，按住鼠标的时间越长，变形效果越强，如下右图所示。

案例项目：使用液化变形工具制作清爽户外广告

案例文件

使用液化变形工具制作清爽户外广告.ai

视频教学

使用液化变形工具制作清爽户外广告.flv

01 执行"文件>新建"命令，创建新的空白文档。单击工具箱中的"矩形工具" 按钮，在属性栏中设置"填充"为浅蓝色，绘制与画板同样大小的矩形，如下左图所示。接下来单击工具箱中的"椭圆工具" 按钮，在属性栏中设置"填充"为蓝色，"描边"为无，绘制一个椭圆形状，如下右图所示。

02 双击工具箱中的"旋转扭曲工具" 按钮，弹出"旋转扭曲工具选项"对话框，设置"宽度"为40mm，"高度"为40mm，参数设置如下左图所示。在椭圆上按住鼠标左键，使之发生旋转扭曲，如下右图所示。

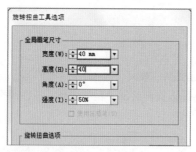
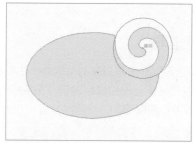

03 接着对椭圆的其他位置进行旋转扭曲，效果如下左图所示。再次绘制一个蓝色的椭圆，使用"选择工具"将两个图形加选，再单击属性栏中的"水平居中对齐"按钮 与"垂直居中对齐"按钮 ，将图形对齐，如下右图所示。

04 在对椭圆进行操作之前，我们可以双击工具箱中的"旋转扭曲工具"按钮，在弹出的"旋转扭曲工具选项"对话框中设置"宽度"为10mm，"高度"为10mm，参数设置如下左图所示。利用上述方法将椭圆边缘进行旋转扭曲，效果如下右图所示。

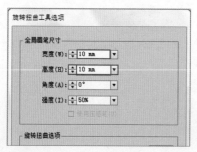
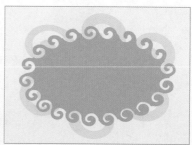

05 单击工具箱中的"矩形工具" □ 按钮，在画板底部绘制矩形，如下左图所示。选中矩形，单击工具箱中的"变形工具" ☑ 按钮，设置合适的工具大小，然后在矩形上按住鼠标左键并拖曳，鼠标指针所经过的部分将会发生相应变化，效果如下右图所示。

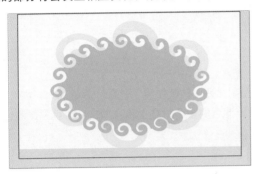

06 执行"文件>置入"命令，置入素材"1.ai"，如下左图所示。然后单击工具箱中的"椭圆工具" ◯ 按钮，按住Shift键绘制正圆形。选中正圆形，在属性栏中设置"填充"为黄色，如下右图所示。

07 接着为画面添加文字。单击工具箱中的"文字工具" T 按钮，选择合适的字体以及字号，键入多组文字，如下左图所示。选中第一行文字，单击鼠标右键，执行"变换>旋转"命令，弹出"旋转"对话框，设置"角度"为10度。设置后效果如下右图所示。

08 使用相同方法为画面添加其他文字并旋转，最终效果如右图所示。

3.4 混合工具

"混合工具"可以在多个图形之间生成一系列的中间对象。在混合过程中，不仅可以创建图形上的混合，同时还对颜色进行混合。混合对象的创建可以使用"混合工具"来进行，也可以利用"混合"命令来创建和编辑混合对象。

3.4.1 创建混合

创建混合的方式有两种，一种是使用"混合工具"，另一种是使用"混合"命令。

01 单击工具箱中的"混合工具"按钮，在要进行混合的多个对象上依次单击，即可创建混合，效果如下图所示。

 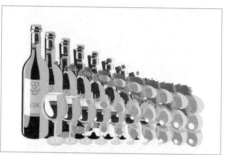

> **提示** 也可以将要进行混合的对象选中，执行"对象>混合>建立"命令或直接使用快捷键Ctrl+Atl+B，来创建对象的混合效果。

02 选择画面中的混合对象，可以看到两个"本体"之间有一段线段，这个段线叫做"混合轴"，如下左图所示。默认情况下，混合轴会形成一条直线。混合轴像路径一样，可以使用"钢笔工具"组中的工具和"直接选择工具"进行调整，调整后混合对象的排列也会发生相应的变换，如下右图所示。

03 混合轴还可被其它复杂的路径替换。首先需要绘制一段路径，然后使用"选择工具"将路径和混合的对象加选，如下左图所示。接着执行"对象>混合>替换混合轴"命令，此时混合轴被所选路径替换，如下右图所示。

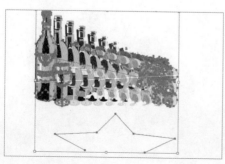 

04 选择画面中的混合对象，如下左图所示。执行"对象>混合>反向混合轴"命令，此时可以发现混合轴发生了翻转，混合顺序也发生了改变，如下图所示。

05 混合对象具有堆叠顺序，选择混合对象，执行"对象>混合>反向堆叠"命令，可以改变堆叠顺序，如下图所示。

06 创建混合后，形成的混合对象是一个由图形和路径组成的整体。"扩展"命令会将混合对象混合分割为一系列独立的个体。选取混合对象，执行"对象>混合>扩展"命令，混合对象将被扩展，如下左图所示。被拓展的对象作为一个编组，选择这个编组，单击鼠标右键，执行"取消编组"命令，然后就可以选择其中的某个对象了，如下右图所示。

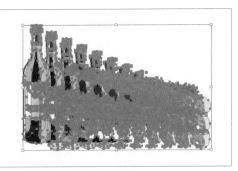

07 释放一个混合对象会删除新对象并恢复原始对象。执行"对象>混合>释放"命令或使用快捷键Ctrl+Shift+Alt+B，即可释放混合对象，如右图所示。

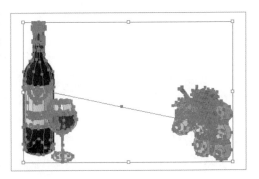

3.4.2　设置混合选项

使用"混合选项"对话框可以对混合的"间距"和"取向"进行设置。选中需要加选的两个图形，如下左图所示。然后双击工具箱中的"混合工具" 按钮，打开"混合选项"对话框，如下右图所示。

"间距"用于定义对象之间的混合方式，提供了三种混合方式，分别是"平滑颜色"、"指定的步骤"和"指定的距离"。

- **平滑颜色**：自动计算混合的步骤数。如果对象是使用不同的颜色进行的填色或描边，则计算出的步骤数将是为实现平滑颜色过渡而选取的最佳步骤数；如果对象包含相同的颜色，或包含渐变或图案，则步骤数将根据两对象定界框边缘之间的最长距离计算得出，如下左图所示。
- **指定的步骤**：用来控制在混合开始与混合结束之间的步骤数。下面中图为"指定的步骤"为5时的效果。
- **指定的距离**：用来控制混合步骤之间的距离。"指定的距离"是指从一个对象边缘起到下一个对象相对应边缘之间的距离，下面右图为"指定的距离"为5mm的效果。

"取向"用于设置混合对象的方向。若选择"对齐页面" ，则使混合垂直于页面的x轴；若选择"对齐路径" 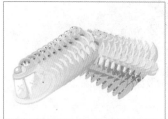，则使混合垂直于路径。

3.5　透视图工具组

当需要绘制带有透视感的图形时，可以利用透视网格工具帮助用户得到透视效果的矢量图形。透视图工具组中包括"透视网格工具"和"透视选区工具"两种。

3.5.1　透视网格工具

"透视网格工具"是一种用于绘制具有透视效果图形的辅助工具，约束对象的状态以绘制正确的透视图形。单击工具箱中的"透视网格工具" 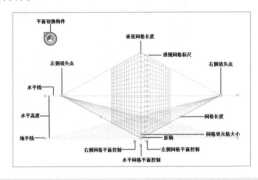按钮，即可建立透视网格，如下左图所示。"平面切换构件"用于切换活动网格平面。在透视网格中，活动网格的平面指当前绘制对象的平面，下面右图为平面切换构件。

提示 单击"平面切换构件"中的叉号或按Esc键可以隐藏透视网格。

调整透视网格的状态，即调整透视的角度和区域，可使用透视网格工具拖动透视网格各个区域的控制手柄，对透视网格的角度和密度进行调整。单击并拖动底部的"水平网格平面控制"手柄，改变平面部分的透视效果，如下左图所示。单击并向右拖动"左侧消失点"控制柄，可以调整左侧网格的透视状态，如下右图所示。

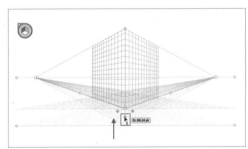
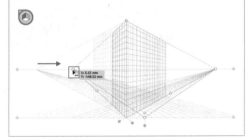

3.5.2 创建透视对象

在使用透视网格进行辅助绘图时，所绘制的图形将自动沿网格透视方向，创建相应透视角度的图形效果。例如文档内有一个街景的场景，还有一个建筑的正面图，如下左图所示。然后通过创建透视对象，将建筑放置在场景中，完成后的效果如下右图所示。

01 单击工具箱中的"透视网格工具" 按钮，显示透视网格。首先需要将透视网格移动到画面中的左侧，在使用"透视网格工具"的状态下，拖曳透视网格右侧的控制点，即可将网格进行移动，如下左图所示。接着调整右侧消失点的位置，选择"右侧消失点"的控制点，参照画面中的地平线进行调整，如下右图所示。

02 下面调整"垂直网格长度",向上拖曳"垂直网格长度"控制点,使网格的高度高于页面,如下左图所示。接着设置活动网格的平面为右侧,如下右图所示。

03 选择建筑部分,接着单击工具箱中的"透视选区工具" 按钮,当光标变为 状时,将其拖曳至网格内,随着拖曳可以看到建筑发生的透视变化,如下左图所示。接下来将建筑调整到合适大小,将光标移动至定界框上的控制点处,光标变为 状后按住Shift键拖曳,即可将建筑等比放大,如下右图所示。

04 放大到合适大小后,按下Esc键,隐藏透视网格,此时画面效果如右图所示。

3.6 对象的管理

为了更有效地管理画面中的图形对象，我们可以通过将对象进行合理的"对齐"与"分布"设置，使画面看起来更加规整。还可通过命令对图形对象进行排序、编组、锁定与隐藏等操作。

3.6.1 复制、剪切、粘贴

"复制"与"粘贴"是两个相互依存的命令，如果不进行"复制"，就没办法"粘贴"；如果不进行"粘贴"，就是执行了"复制"命令也没有意义。

选中画面中的图形，执行"编辑>复制"命令或使用快捷键Ctrl+C，此时所选对象被复制，如下左图所示。接着执行"编辑>粘贴"命令或使用快捷键Ctrl+V，此时刚刚复制的对象就会被粘贴，如下中图所示。如果在选中对象后执行"编辑>剪切"命令（快捷键Ctrl+X），被剪切的对象从画面中消失，被剪切到"剪切板"中，如下右图所示。

 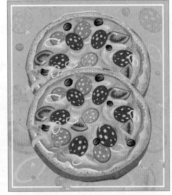 

在Illustrator中粘贴的方式有很多中，单击菜单栏中的"编辑"按钮，在下拉菜单中可以看到5种不同的"粘贴"命令，如下图所示。

编辑(E)	
粘贴(P)	Ctrl+V
贴在前面(F)	Ctrl+F
贴在后面(B)	Ctrl+B
就地粘贴(S)	Shift+Ctrl+V
在所有画板上粘贴(S)	Alt+Shift+Ctrl+V

- **粘贴**：将图像复制或剪切到剪切板以后，执行"编辑>粘贴"命令或使用快捷键Ctrl+V，可以将剪切板中的图像粘贴到当前文档中。
- **贴在前面**：执行"编辑>贴在前面"命令或使用快捷键Ctrl+F，对象将粘贴到文档中原始对象所在的位置，并将其置于当前层上对象堆叠的顶层。但是，如果在选择此功能前就选择了一个对象，则剪贴板中的内容将堆放到该对象的最前面。
- **贴在后面**：执行"编辑>贴在后面"命令或使用快捷键Ctrl+B，对象将被粘贴到对象堆叠的底层或紧跟在选定对象之后。
- **就地粘贴**：执行"编辑>就地粘贴"命令或使用快捷键Ctrl+Shift+V，将图稿粘贴到现用的画板中。
- **在所有画板上粘贴**："在所有画板上粘贴"命令会将所选的图稿粘贴到所有画板上。在剪切或复制图稿后，执行"编辑>在所有画板上粘贴"命令或使用快捷键Alt+Ctrl+Shift+V。

提示　"复制"、"粘贴"命令针对的内容不仅可以是Illustrator中的对象，也可以在Word文档中复制部分文字内容，然后在Illustrator中进行粘贴。

3.6.2 对齐与分布对象

应用"对齐"面板可以有效地对齐或分布选中的多个图形。执行"窗口>对齐"命令，打开"对齐"面板，如下左图所示。选择画面中的三个图形，如下右图所示。

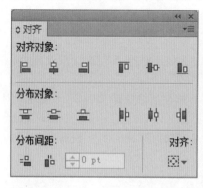 

- ▣ **左对齐**：单击该按钮时，选中的对象将以最左侧的对象为基准，将所有对象的左边界调整到一条基线上，如下左图所示。
- ▣ **垂直居中对齐**：单击该按钮时，选中的对象将以中心的对象为基准，将所有对象的垂直中心线调整到一条基线上，如下中图所示。
- ▣ **右对齐**：单击该按钮时，选中的对象将以最右侧的对象为基准，将所有对象的右边界调整到一条基线上，如下右图所示。

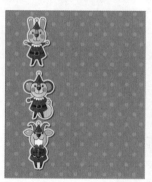 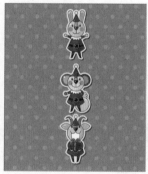 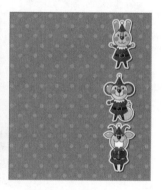

- ▣ **顶部对齐**：单击该按钮时，选中的对象将以顶部的对象为基准，将所有对象的上边界调整到一条基线上，如下左图所示。
- ▣ **水平居中对齐**：单击该按钮时，选中的对象将以水平的对象为基准，将所有对象的水平中心线调整到一条基线上，如下中图所示。
- ▣ **底部对齐**：单击该按钮时，选中的对象将以底部的对象为基准，将所有对象的下边界调整到一条基线上，如下右图所示。

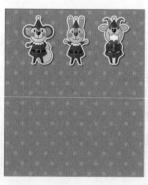  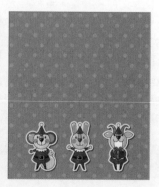

- **垂直顶部分布**：单击该按钮时，将平均每一个对象顶部基线间的距离，调整对象的位置，如下左图所示。
- **垂直居中分布**：单击该按钮时，将平均每一个对象水平中心基线间的距离，调整对象的位置，如下中图所示。
- **底部分布**：单击该按钮时，将平均每一个对象底部基线间的距离，调整对象的位置，如下右图所示。

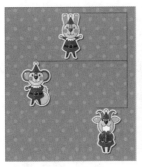 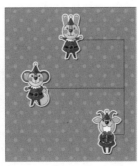 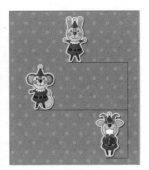

- **左分布**：单击该按钮时，将平均每一个对象左侧基线之间的距离，调整对象的位置，如下左图所示。
- **水平居中分布**：单击该按钮时，将平均每一个对象垂直中心基线之间的距离，调整对象的位置，如下中图所示。
- **右分布**：单击该按钮时，将平均每一个对象右侧基线之间的距离，调整对象的位置，如下右图所示。

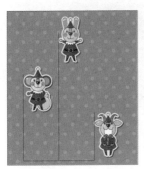  

3.6.3 编组对象

"编组"操作可以将多个对象组合在一起，形成一个"组"，便于统一操作。选择需要编组的对象，如下左图所示。接着执行"对象>编组"命令或使用快捷键Ctrl+G，也可在画面中单击鼠标右键，在弹出的快捷菜单中选择"编组"命令，如下中图所示，即可将选中的对象进行编组。如果要将编组后的对象取消编组，可以选择编组后的对象，执行"对象>取消编组"命令或使用快捷键Ctrl+Shift+G，也可单击鼠标右键，执行"取消编组"命令，即可取消编组，如下右图所示。

 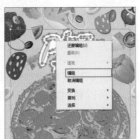 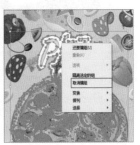

3.6.4　锁定对象

在对一组对象中的其中一个对象进行编辑时，不想被其他对象所干扰，可以暂时将其他图形进行"锁定"操作，被"锁定"的图像将无法进行编辑。

选择要锁定的对象，然后执行"对象>锁定>所选对象"命令或使用快捷键Ctrl+2进行锁定。

若要取消锁定，可以执行"对象>全部解锁"命令或使用快捷键Ctrl+Alt+2，即可解锁文档中的所有锁定的对象。

3.6.5　隐藏对象

隐藏的对象是不可见、不可选择的，也无法被打印出来，但仍然存在于文档中，文档关闭和重新打开时，隐藏对象会重新出现。

选择要隐藏的对象，如下左图所示。执行"对象>隐藏>所选对象"命令或使用快捷键Ctrl+3，即可将所选对象隐藏，如下右图所示。

如果要显示所有对象，可以执行"对象>显示全部"命令或使用快捷键Ctrl+Alt+3。

> **提示** 若要隐藏某一对象上方的所有对象，则选择该对象，然后执行"对象>隐藏>上方所有图稿"命令即可。
> 若要隐藏除所选对象或组所在图层以外的所有其他图层，则执行"对象>隐藏>其他图层"命令。

3.6.6　对象的排序

使用"排列"命令，可以更改对象在图稿中的堆叠顺序。

选中要调整顺序的对象，如下左图所示。执行"对象>排列"命令，在子菜单中包含多个可以用于调整对象排列顺序的命令。例如执行"对象>排列>置于顶层"命令，此时画面效果如下图所示。

- 执行"对象>排列>置于顶层"命令，可以将对象移到其组或图层中的顶层位置。
- 执行"对象>排列>前移一层"命令，可以将对象按堆叠顺序向前移动一个位置。
- 执行"对象>排列>后移一层"命令，可以将对象按堆叠顺序向后移动一个位置。
- 执行"对象>排列>置于底层"命令，可以将对象移到其组或图层中的底层位置。

3.7 对位图进行图像描摹

"图像描摹"操作可以将位图图像转换为矢量对象。

01 选中需要进行图像描摹的图像，如下左图所示。单击属性栏中的"图像描摹"按钮，或执行"对象>图像描摹>建立"命令，此时即可使用默认描摹设置来描摹图像，效果如下中图所示。也可单击"图像描摹"下三角按钮，在下拉菜单中选择其他的描摹方式，如下右图所示。

02 创建描摹对象后，可以随时调整描摹结果。选择描摹对象，在属性栏中可以更改部分参数设置。也可以单击属性栏中的"图像描摹面板"按钮，打开图像描摹面板，查看全部描摹参数。

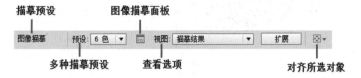

描摹预设　　图像描摹面板

多种描摹预设　　查看选项　　对齐所选对象

03 如果要放弃描摹，回到图像的原始状态，可以选取图像描摹结果，执行"对象>图像描摹>释放"命令。描摹后对图像进行"拓展"操作，才可以进行锚点、填色等矢量属性的编辑。单击控制栏中的"扩展"按钮，或执行"对象>图像描摹>扩展"命令，扩展后的对象将转换为矢量对象，不再具有描摹对象的属性，如下右图所示。

提示 扩展后的对象通常都为编组对象，选中该对象，单击鼠标右键选择"取消编组"命令，即可取消编组。

3.8 使用"剪切蒙版"调整对象显示范围

01 下左图为一个没有做完的卡片，接下来将多出卡片外的花纹利用"剪切蒙版"进行隐藏。首先需要绘制"蒙版遮罩"，使用"矩形工具" ▭ 在花纹上方绘制一个矩形（矩形范围内的部分将被保留下来），如下中图所示。接着将刚刚绘制的矩形与花纹进行加选，然后执行"对象>剪切蒙版>建立"命令，即可建立剪切蒙版，矩形以外的部分将被隐藏，效果如下右图所示。

02 如果要编辑剪切蒙版的形状，可以选择剪切蒙版对象，接着单击属性栏中的"编辑剪切路径" ▣ 按钮，即可调整剪切蒙版的形状，如下左图所示。若要编辑剪切蒙版中的内容，可以单击"编辑内容" ◈ 按钮，对剪切蒙版的内容进行编辑，如下右图所示。

 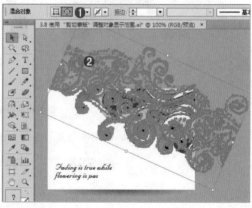

03 释放剪切蒙版可以将剪切蒙版中的剪切路径与内容分离开，剪切效果也就不复存在了。选择剪切蒙版，执行"对象>剪切蒙版>释放"命令，也可单击鼠标右键选择"释放剪切蒙版"命令，即可释放剪切蒙版，如下图所示。

知识延伸：利用图层管理对象

　　"图层"面板中显示了文档中的全部对象，可以用于罗列、组织和编辑文档中的对象。执行"窗口>图层"命令，可以打开"图层"面板，如右图所示。使用"图层"面板可以非常方便地调整"图层"的顺序，以更改图像堆叠的效果。调整图层顺序的方法也很简单，选中需要调整顺序的图层，拖动鼠标，当黑色的插入标志位于希望图层移动到的位置时，释放鼠标即可进行移动。

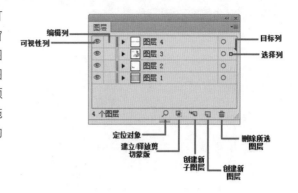

- **编辑列**：指示项目是锁定或非锁定的状态。🔒为锁定状态，不可编辑；▢为非锁定状态，可以进行编辑。
- **可视性列**：在这里显示当前图层的显示/隐藏状态以及图层的类型，单击即可切换图层的显示与隐藏。👁为项目是可见的，▢为项目是隐藏的。
- **目标列**：当按钮显示为◎或◉时，表示项目已被选择，◯则表示项目未被应用。
- **选择列**：指示是否已选定项目，当选定项目时，会显示一个颜色框。当我们要对某一个图层进行操作时就需要单击选中该图层。想要选择多个图层需要按住Ctrl键的同时，在"图层"面板中单击选择所需的图层。
- **定位对象**：在"图层"面板中快速定位相应的项目。
- **建立/释放剪切蒙版**：用于创建图层中的剪切蒙版，图层中位于最顶部的图层将作为蒙版轮廓。
- **创建新子图层**：在当前集合图层下创建新的子图层。
- **创建新图层**：单击该按钮即可创建新图层。如果要为图层新建子图层，选择图层后，单击"图层"面板右下方的"新建子图层"🔲按钮即可。将已有图层拖曳到"创建新图层"按钮上，可以实现图层的复制。
- **删除所选图层**：单击即可删除当前所选图层。

 上机实训：制作欧美风格矢量人物海报

案例文件

欧美风格矢量人物海报.ai

视频教学

欧美风格矢量人物海报.flv

步骤01 执行"文件>新建"命令，创建新文档。单击工具箱中的"矩形工具" ▢ 按钮，在属性栏中设置"填充"为黄色，然后绘制与画板同样大小的矩形，如下图所示。

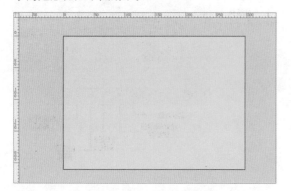

步骤02 接着使用"矩形工具"，绘制几个不同颜色的长条矩形，如下图所示。

步骤03 执行"文件>置入"命令，置入素材"1.png"，单击"嵌入"按钮，完成"嵌入"操作。按住Shift键拖曳控制点，对其等比例缩放，如下图所示。

步骤04 选中人物，单击属性栏中"图像描摹"下三角按钮，在下拉菜单中选择"16色"命令，如下图所示。

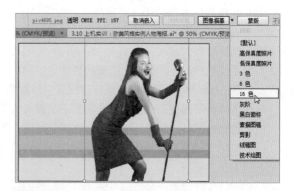

步骤05 图像描摹完成后，选中人物并执行"对象>图像描摹>扩展"命令，将描摹转换为路径。然后在人像上方单击鼠标右键，选择"取消编组"命令，将拓展后的对象取消编组，如下左图所示。选中画面中白色背景的部分，按下Delete键将其删除，如下右图所示。

步骤06 删除画面中白色部分以后，再次选中画面中白色背景的部分，按下Delete键删除，如下图所示。

步骤07 执行"文件>打开"命令，打开素材"2.
ai"，如下图所示。将素材"2.ai"中的内容框选，
使用快捷键Ctrl+C复制，回到刚刚操作的文档中，
使用Ctrl+V将内容复制到画板中，最终效果如右图
所示。

课后练习

1. 选择题

(1) 以下哪种工具可以用于调整路径局部描边的宽度？_____

    A. 宽度工具   B. 膨胀工具

    C. 直接选择工具   D. 变形工具

(2) 以下哪个快捷键为"再次变换"命令的快捷键？_____

    A. Ctrl+N   B. Ctrl+S

    C. Ctrl+D   D. Ctrl+J

(3) 在Illustrator中有几种"粘贴"的方式？_____

    A. 2种   B. 3种

    C. 4种   D. 5种

2. 填空题

(1) 用封套扭曲变形进行图像的变形时可以使用_____和_____两种方式建立变形。

(2) "在所有画板上粘贴"的快捷键为_____。

(3) "编组"的快捷键是_____，"取消编组"的快捷键是_____。

3. 上机题

    本案例为标志设计，制作的重点是利用混合工具制作出文字的立体效果。在制作混合的过程中，两个用于混合的图形要有颜色的变化，这样才能制作出足够自然的立体效果。案例的最终效果如下图所示。

本章概述

矢量图形包括两个可设置颜色的部分：填充与描边。图形的填充不仅可以填充纯色、渐变或填充图案，还可以使用"实时上色工具"和"网格工具"进行灵活多变的颜色填充。图形的描边，也同样可以填充纯色、渐变和图案，还可利用"描边"面板进行粗细、虚线等特殊效果的设置。

核心知识点

❶ 掌握使用颜色控制组件进行填充与描边的方法
❷ 学习"颜色"面板和"色板"面板的使用方法
❸ 掌握"渐变工具"和"渐变"面板的使用方法
❹ 学习描边属性的设置方法

4.1 认识填充与描边

填充是指为图形内部添加颜色、渐变或图案；"描边"是指对对象的轮廓进行颜色设置，同样可以应用渐变颜色或图案。

4.1.1 什么是填充

"填充"是为图形对象、开放路径和文字内部填充颜色、渐变颜色或图案样式。Illustrator中的填充包括三种类型：单色填充、渐变填充和图案填充。下图分别为单色填充、渐变填充和图案填充。

4.1.2 什么是描边

描边是指为对象的轮廓路径或文字边缘添加纯色、渐变颜色或图案效果。下图分别为纯色描边、渐变颜色描边和图案描边。

用户不仅可以更改描边的颜色，还可以根据需要设置描边的样式，例如更改描边的粗细、调整描边的形态，或者利用"画笔工具"为路径添加不同的画笔笔触进行描边，如下图所示。

4.1.3　应用颜色控制组件设置填充和描边

如果要设置"填充"或"描边"，最快捷的方式是通过工具箱底部的"标准的Adobe颜色控制组件"进行设置。应用颜色控制组件不仅可以对所选对象进行"填充""描边"的设置，还可以对即将创建的对象的描边和填充属性进行设置，颜色控制组件如下图所示。

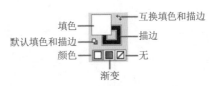

- **填充**：通过双击此按钮，可以在打开的"拾色器"对话框中选择填充颜色。
- **描边**：通过双击此按钮，可以在打开的"拾色器"对话框中选择描边颜色。
- **互换填色和描边**：通过单击此按钮，可以在填充和描边之间互换颜色。
- **默认填色和描边**：通过单击此按钮，可以恢复默认颜色设置（白色填充和黑色描边）。
- **颜色**：通过单击此按钮，可以将上次选择的纯色应用于具有渐变填充或者没有描边和填充的对象上。
- **渐变**：通过单击此按钮，可以将当前选择的填充更改为上次选择的渐变。
- **透明**：通过单击此按钮，可以删除选定对象的填充或描边。

01 选中一个矢量对象，将"填色"按钮置于前方，然后单击"颜色"按钮激活该选项，接着双击"填色"按钮，打开"拾色器"对话框，在对话框中根据需要选择一种填充颜色后，单击"确定"按钮，如下左图所示。颜色设置完成后，效果如下右图所示。用户也可以先设置填充颜色，之后绘制的图形会按照之前设置的颜色显示。

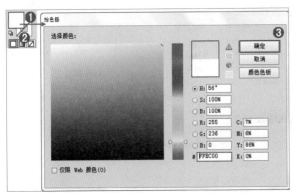 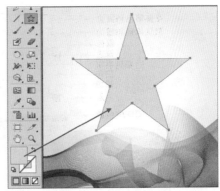

提示 如果想要选择一种精确的颜色，可以在右侧输入精确的R、G、B数值。

02 接下来为图形填充渐变色。在"填色"按钮置于前端的状态下，单击"渐变"按钮，即可弹出"渐变"面板，此时形状也被填充了渐变颜色，默认情况下渐变颜色为黑白色相渐变，如下图所示。

03 如果为描边添加颜色，需要单击"描边"按钮，将"描边"按钮置于前方。然后双击"描边"按钮，在打开的"拾色器"对话框中选择颜色，如下左图所示。如果将描边设置为渐变颜色，可以单击"渐变"按钮，即可打开"渐变"面板，查看描边被赋予的渐变颜色如下右图所示。

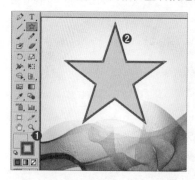

4.2 快速设置填充与描边

除了使用标准的Adobe颜色控制组件进行填充和描边设置之外，还可以使用"颜色"面板和"色板"面板进行填充和描边设置。

4.2.1 使用"颜色"面板设置填充和描边颜色

"颜色"面板可以为图形对象进行"填充"和"描边"设置，执行"窗口>颜色"命令或使用快捷键F6，打开"颜色"面板，如下图所示。

01 选择需要填充颜色的对象，如下左图所示。执行"窗口>颜色"命令，打开"颜色"面板。在"颜色"面板的左上角是用来设置"填充"还是"描边"的按钮，其使用方法与颜色控制组件相同，如下右图所示。

02 若要设置填充色，可以单击"填色"按钮，将"填色"按钮置于前方，然后拖动滑块即可看到填充色发生的变化，如下左图所示。若要设置"描边"颜色，首先将"描边"按钮置于前方，然后拖曳滑块，即可查看描边颜色发生的变化，如下右图所示。

03 在窗口的下方有一条色谱，将光标移至色谱上，光标变为✎状单击，即可拾取颜色，如下左图所示。通过单击面板中的菜单按钮，在菜单中选择"灰度"、RGB、HSB、CMYK或"Web 安全 RGB"颜色模式，即可定义不同的颜色状态，如下右图所示。选择的模式仅影响"颜色"面板的显示，并不更改文档的颜色模式。

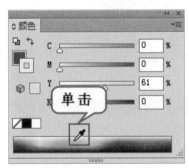 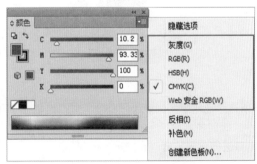

提示 "CMYK色谱"上方有三个按钮，分别是"无"◰、"黑色"■、"白色"□。若将所选对象不设置任何颜色，可以单击"无"◰按钮；若要将所选对象的颜色设置为黑色，可以单击"黑色"■按钮；若要将所选对象的颜色设置为白色，可以单击"白色"□按钮。

4.2.2 使用"色板"面板设置填充和描边颜色

"色板"面板是一个用于设置对象填充/描边样式的面板，在这个面板中不仅可以为填充与描边设置颜色，还可以填充渐变和图案。

01 首先选择需要设置的对象，如下左图所示。然后在颜色控制组件中单击"填色"/"描边"按钮，例如单击"填色"按钮，使其置于前端的状态，此时将要设置的就是对象的填充。接下来可以在"色板"面板中进行填充内容的设置。单击所需的颜色/渐变/图案，即可将某设置为当前的填充颜色，例如单击一个青色色块，如下中图所示。此时对象的填充颜色即可被设置为青色，如下右图所示。

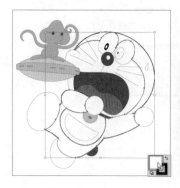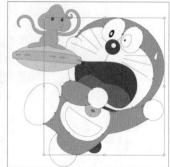

02 "色板"面板不仅可以进行纯色设置，还能够设置渐变、图案样式。单击"色板"面板下方的"显示色板类型菜单"按钮，弹出显示色板类型菜单，如下左图所示。在这一菜单中可以选择面板中显示的色板类型，下右图分别为渐变和图案色板。

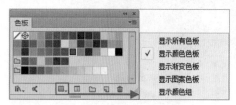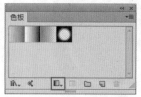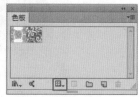

03 单击渐变色板中的渐变色，效果如下左图所示；单击图案色板中的合适图案，效果如下右图所示。

04 如果所选颜色与想要的效果不一致，可以选取一个颜色，单击面板底部的"色板选项" 按钮，如下左图所示。此时将弹出"色板选项"对话框，在该对话框中可以对"色板名称"、"颜色类型"、"颜色模式"等参数进行设置和修改，如下右图所示。

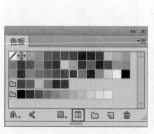

05 虽然默认情况下"色板"面板中已经包含了很多种颜色，但是这并不是"色板"面板的全部，Illustrator还包含大量的内置颜色/渐变/图案的"库"，即"色板库"。"色板库"是预设颜色的集合，执行"窗口>色板库"命令，可以查看色板库列表，如下左图所示。打开一个色板库时，该色板库将显示在新面板中。色板库的使用方法与"色板"面板相同，单击"色板"面板底部的"色板库菜单" 按钮，也可以打开"色板库"列表，如下右图所示。

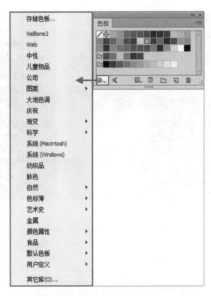

案例项目：使用图案填充制作创意店铺宣传海报

案例文件

使用图案填充制作创意店铺宣传海报.ai

视频教学

使用图案填充制作创意店铺宣传海报.flv

01 执行"文件>新建"命令，创建一个A4大小的文档。接着制作一个红色的渐变色背景，执行"窗口>渐变"命令，打开出"渐变"面板。首先将"填色"按钮置于前端，然后设置"类型"为"径向"，"颜色"为红色系渐变。接着单击工具箱中的"矩形工具" 按钮，绘制与画板同样大小的矩形，效果如右图所示。

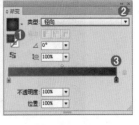

02 接下来制作画面中的文字效果。单击工具箱中的"文字工具" 按钮，选择合适的字体和字号后，键入文字。选中文字，单击鼠标右键选择"创建轮廓"命令，为文字创建轮廓，如下左图所示。单击工具箱中的"椭圆工具"按钮，按住Shift键的同时在字母上绘制多个正圆形，如下中图所示。加选圆形与字母，执行"窗口>路径查找器"命令，打开"路径查找器"对话框，然后单击"减去顶层"按钮 ，此时图形效果如下右图所示。

03 下面为字母填充动物皮图案。选中字母，在"填充"下拉菜单中单击"色板库"下拉按钮 ，执行"图案>自然>自然_动物皮"命令，然后在"自然_动物皮"面板中单击选择"长颈鹿"。如下中图所示。效果如下右图所示。

  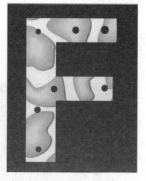

04 使用"刻刀"分割字母。单击工具箱中的"刻刀" 按钮，使用鼠标在要裁切的路径拖曳将其分割，然后使用"移动工具" 将分割后的对象进行移动，效果如下左图所示。执行"文件>置入"命令，置入素材"1.png"，摆放至合适位置。接着单击属性栏中的"嵌入"按钮，完成嵌入操作，如下中图所示。单击工具箱中的"直线工具" 按钮，使用鼠标在画面中拖曳出一条直线。选中直线，在控制栏中设置"填充"为"无"，"描边"为黑色，"描边粗细"为1pt，效果如下右图所示。

  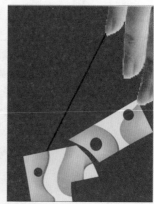

05 利用上述方法绘制其它字母与直线，效果如下左图所示。最后为画面添加文字，单击工具箱中的"文字工具" T 按钮，选择合适的字体以及字号，键入文字，最终效果如下右图所示。

4.3 渐变的编辑与应用

"渐变填充"是两种或两种以上颜色过渡的效果，Illustrator软件提供了两种类型的渐变：线性渐变和径向渐变。

4.3.1 "渐变"面板的使用

想要为对象赋予渐变效果，或更改已有对象的渐变，首先需要选中该对象，如下左图所示。然后执行"窗口>渐变"命令（快捷键Ctrl+F9），打开"渐变"面板，如下右图所示。在该面板中可以对渐变的类型、角度、颜色、位置等进行设置。

 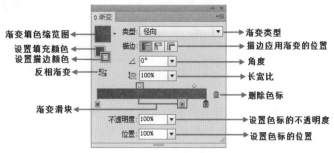

01 首先单击"渐变"面板上的"填色"或"描边"按钮，选择填充颜色或描边颜色。然后单击渐变填色缩览图，为对象赋予默认的渐变效果，如下左图所示。接着双击渐变色标 ，在弹出的面板中指定颜色。如果出现的面板中只有灰色色，那么可以单击 按钮，在弹出的菜单中选择其他颜色模式，这里选择RGB颜色模式，如下右图所示。单击"反相渐变"按钮，可翻转当前渐变颜色的方向。

02 在渐变色条上单击，即可添加渐变滑块，如下左图所示。继续为渐变滑块设置颜色，可以丰富渐变的颜色效果。如果要删除过多的色标，可以单击"删除色标"按钮■，如下中图所示。拖动的渐变滑块◇，可以调整渐变的过渡效果。当要调整渐变中某一色标的不透明度时，单击选择该色标，在"不透明度"数值框中设置不透明度值即可，如下右图所示。

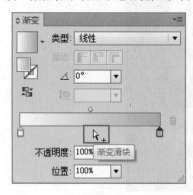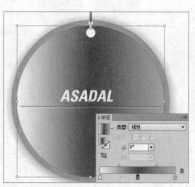

03 在"渐变类型"下拉列表中可以设置渐变的类型，Illustrator提供了两种渐变类型，分别是"线性"渐变和"径向"渐变，两种渐变效果如下图所示。

提示 "角度"▱数值框用于设置渐变的角度；"长宽比"◨数值框用于设置径向渐变的长宽比。当渐变类型为"径向"时，更改径向渐变的"长宽比"值可以调整椭圆的形态，在调整渐变长宽比的基础上调整"角度"数值，可以改变椭圆的形态和角度。

04 "描边"是用来设置带有转角对象的描边应用渐变的位置，分别是"在描边中应用渐变"▣，描边效果如下左图所示；"沿描边应用渐变"▣，描边效果如下中图所示；"跨描边应用渐变"▣，描边效果如下右图所示。

提示 执行"视图>隐藏渐变批准者"或"视图>显示渐变批准者"命令，可以控制渐变批准者的显示与隐藏。

4.3.2 使用"渐变工具"调整渐变形态

利用"渐变"面板为对象渐变填充后，可以使用"渐变工具"■对对象的渐变角度、位置和范围进行调整。

01 使用"选择工具" ▶ 选择带有渐变填充的图形，单击工具箱中"渐变工具"按钮■，即可看到"渐变批注者"，也常被称为"渐变控制器"，如下左图所示。如果要调整渐变的角度，可以按住鼠标左键拖曳，如下中图所示。松开鼠标后即可看到渐变的角度发生了变化，如下右图所示。

02 使用"渐变批注者"还可以编辑渐变的颜色，其使用方法与在"渐变"面板中编辑颜色的方法相同。例如双击滑块，可以弹出颜色面板，选择合适的颜色，对渐变颜色进行设置，如下左图所示。将光标移动到渐变终点的位置，光标变为 ↻ 状时，可以将渐变进行旋转，如下右图所示。

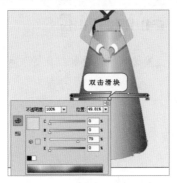

4.4 设置对象描边属性

对象的描边属性由颜色、路径宽度和画笔样式三部分构成。颜色的设置方法在前面已经进行过讲解，即在工具箱中的颜色控制组件中设置描边颜色，也可结合"色板"面板、"渐变"面板进行设置。单击属性栏中的"描边"按钮，即可显示下拉面板，如下左图所示。执行"窗口>描边"命令或使用快捷键Ctrl+F10，打开"描边"面板，在该面板中也可以对路径描边的属性进行设置，如下右图所示。

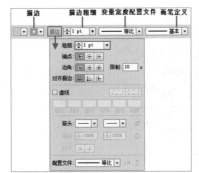

- **粗细**：定义描边的粗细程度。
- **端点**：是指一条开放线段两端的端点。"平头端点"□用于创建具有方形端点的描边线；"圆头端点"□用于创建具有半圆形端点的描边线；"方头端点"□用于创建具有方形端点且在线段端点之外延伸出线条宽度的一半的描边线。此选项可以使线段的粗细沿线段各方向均匀延伸出去。
- **边角**：是指直线段改变方向（拐角）的地方。"斜接连接"□用于创建具有点式拐角的描边线；"圆角连接"□用于创建具有圆角的描边线；"斜角连接"□用于创建具有方形拐角的描边线。
- **限制**：用于设置超过指定数值时扩展倍数的描边粗细。
- **对齐描边**：用于定义描边以细线为中心对齐的方式。"使描边居中对齐"□，用于定义描边将在细线中心；"使描边外侧对齐"□，用于定义描边将在细线外部；"使描边内侧对齐"□，用于定义描边将在细线的内部。
- **虚线**：在"描边"面板中勾选"虚线"复选框，在"虚线"和"间隙"数值框中输入相应的数值，定义虚线中段段的长度和间隙的长度，此时描边将变成虚线效果。单击"保留虚线和间隙的精确长度"□按钮，可以在不对齐的情况下保留虚线外观，如下左图所示。单击"使虚线与边角和路径终端对齐，并调整到适合长度"□按钮，可让各角的虚线和路径的尾端保持一致并可预见，如下右图所示。

- **箭头**：用于设置路径两端端点的样式，单击"互换箭头起始处和结束处"□按钮，可以互换箭头起始处和结束处。
- **缩放**：用于设置路径两端箭头的百分比大小。
- **对齐**：用于设置箭头位于路径终点的位置。
- **配置文件**：用于设置路径的变量宽度和翻转方向。

4.5 使用"吸管工具"复制对象属性

使用"吸管工具"□可以复制Illustrator文档中任意对象的填充、描边，甚至包括文字对象的字符属性、段落属性等。

使用"选择工具"□选择画面中的文字，然后单击工具箱中的"吸管工具"□按钮，将光标移至小狗的位置并单击，如下左图所示。随即文字颜色变为绿色，且带有黑色描边，如下中图所示。双击"吸管工具"按钮，即可打开"吸管选项"对话框，在"吸管选项"对话框中可以对"吸管工具"的属性进行设置，如下右图所示。

中文版Illustrator CC艺术设计精粹案例教程

4.6 实时上色工具

使用"实时上色工具" 进行填色时，Illustrator会自动检测有相交路径的区域，不仅可以为独立对象进行填充，还可以为对象与对象交叉的区域进行填充。

4.6.1 使用"实时上色工具"

"实时上色工具" 不仅可以为图形设置填充颜色，还可设置描边颜色。

01 使用"选择工具" 选择画面中的图形，接着选择工具箱中的"实时上色工具" ，设置一个合适的填充颜色，然后将光标移至图形上方，如下图所示。

02 接着在图形上单击，即可为图形进行上色，如下左图所示。拖动鼠标跨越多个图形表面，可以同时为这些图形表面进行上色，如下中图所示。效果如下右图所示。

 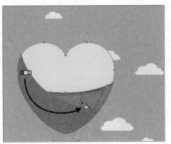 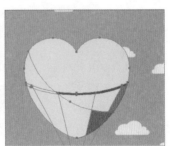

> **提示** 在使用"实时上色工具"进行填充前，可以将图形对象转换为"实时上色工具组"，这样就可以不使用"选择工具"选择图形，直接使用"实时上色工具" 进行填色。
> 其实在使用"实时上色"工具填充颜色后即可将其转换为"实时上色图形组了"；也可以选中图形，执行"对象>实时上色>建立"命令建立"实时上色工具组"。

03 若要对描边进行颜色设置，可以在属性栏中设置合适的描边颜色，然后将光标移至图形的边缘处并按住Shift键，待光标变为 状，如下左图所示。单击即可进行描边，效果如下中图所示。也可以拖动鼠标跨过多条边缘，一次性为多条边缘进行描边，效果如下右图所示。

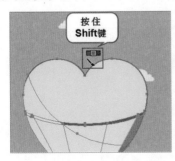  

4.6.2 使用"实时上色选择工具"

使用"实时上色选择工具" ，可以选择实时上色组内的各个表面和边缘，然后对其颜色进行更改。选择工具箱中的"实时上色选择工具" ，将光标移至"实时上色组"上方，光标会变为 状，如下左图所示，单击即可选中此图形区域，如下中图所示。接着可以在属性栏中更改颜色，效果如下右图所示。

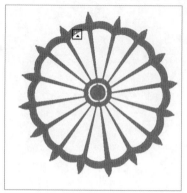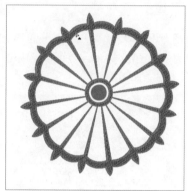

4.6.3 扩展与释放实时上色组

选中画面中的"实时上色组"，如下左图所示。单击属性栏中的"扩展"按钮 扩展 ，或执行"对象>实时上色>扩展"命令，将实时上色组扩展为普通图形。将图形取消编组后即可查看"扩展"效果，如下中图所示。选择实时上色组，执行"对象>实时上色>释放"命令，可以释放实时上色组，使其还原为没有填充，只有0.5磅宽的黑色描边的路径，如下右图所示。

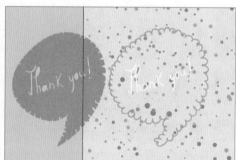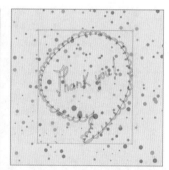

案例项目：使用实时上色工具制作多彩名片

案例文件

使用实时上色工具制作多彩名片.ai

视频教学

使用实时上色工具制作多彩名片.flv

01 执行"文件>新建"命令，新建文档。首先制作名片上的基本图案——七彩花朵。单击工具箱中的"椭圆工具" 按钮，在文档中绘制椭圆，如下左图所示。单击工具箱中的"转换锚点工具" 按钮，单击椭圆底部的锚点，使其变为尖角的点，如下右图所示。

02 接着选中图形，单击鼠标右键，执行"变换>对称"命令，弹出"镜像"对话框后，设置"轴"为"水平"，如下左图所示。单击"复制"按钮，复制选中的椭圆，如下中图所示。接着将复制出来的花瓣下移，如下右图所示。

 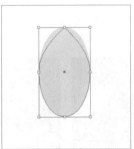 

03 使用"选择工具"选中两片花瓣，使用快捷键Ctrl+G为其编组。保持选中状态，单击鼠标右键，执行"变换>旋转"命令，弹出"旋转"对话框后设置"角度"为45度，如下左图所示。单击"复制"按钮，如下中图所示。多次使用快捷键Ctrl+D来重复上次操作，效果如下右图所示。

 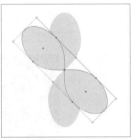 

04 接下来使用"实时上色工具"为花瓣填充颜色。单击工具箱中的"实时上色工具" 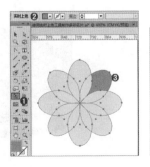按钮，在属性栏中设置"填充"为绿色，然后在需要填充颜色的区域单击，如下左图所示。利用相同方法填充其他颜色区域，效果如下右图所示。

05 下面开始制作名片的背景。执行"窗口>渐变"命令，打开"渐变"面板，设置"类型"为"径向"，设置颜色为由深灰色到黑色的渐变。单击工具箱中的"矩形工具" ■ 按钮，绘制矩形。再单击工具箱中的"渐变工具" ■ 按钮，在矩形中设置渐变条的位置，完成渐变，如下左图所示。选择黑色的矩形，使用快捷键Ctrl+Shift+[，将黑色矩形移到画面的最底层，将七彩花朵图案调整到合适大小。然后绘制一个与名片同样大小的矩形。选中矩形以及花瓣，执行"对象>剪切蒙版>建立"命令，效果如下右图所示。

06 选中花朵，使用快捷键Ctrl+C进行复制，再使用快捷键Ctrl+V粘贴花朵。对花朵进行适当缩放，并摆放在版面的右上角，如下左图所示。单击工具箱中的"文字工具" T 按钮，选择合适的字体以及字号，在名片上单击并键入文字，如下右图所示。

07 然后多次复制七彩花朵，并调整其大小，制作出名片的背面。选中名片，执行"效果>风格化>投影"命令，弹出"投影"对话框后，设置"模式"为"正片叠底"，"不透明度"为75%，"X位移"为2mm，"Y位移"为4mm，"模糊"为1mm，"颜色"为黑色，参数设置和效果如下图所示。

08 将制作出的名片排列到合适的位置，最终效果如右图所示。

4.7 网格工具

网状填充工具是一种多点填色工具，使用该工具可以在对象上创建大量的网格，而且可以通过设置网格上点的颜色来控制对象显示的颜色，并且这些色彩相互之间还会产生晕染效果。在操作之前，需先将矢量对象创建为网格对象。

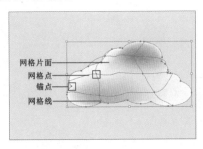

- **网格片面**：任意四个网格点之间的区域称为网格面片。
- **网格点**：网格对象中，在两网格线相交处有一种特殊的锚点，称为网格点。网格点以菱形显示，且具有锚点的所有属性，只是增加了接受颜色的功能。用户可以添加、删除或编辑网格点，也可以更改与每个网格点相关联的颜色。
- **锚点**：在网格中也会出现锚点，这些锚点具备Illustrator中锚点的所有属性。
- **网格线**：创建网格点时出现的交叉穿过对象的线称为网格线。

> **提示** ▶ 网格中同样会出现锚点（区别在于其形状为正方形而非菱形），这些锚点与Illustrator中的任何锚点一样，可以添加、删除、编辑和移动。锚点可以放在任何网格线上；单击一个锚点，然后拖动其方向控制手柄，可以对该锚点进行修改。

4.7.1 使用网格工具改变对象颜色

渐变网格的创建分为两种，一种是手动创建，一种是自动创建。手动创建的渐变网格，可以根据实际情况来添加网格点；自动创建渐变网格，可以快速有针对性地为整个对象添加渐变网格。

01 选择画面中的图形，执行"对象>创建渐变网格"命令，在弹出的"创建渐变网格"对话框中，对要自动创建网格的"行数"、"列数"等参数进行设置，单击"确定"按钮，即可为所选对象创建网格，如下左图所示。创建的渐变网格效果如下右图所示。

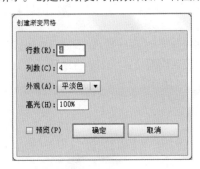
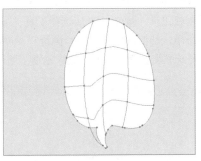

- **行数/列数**：调整数值框中的值，可以定义渐变网格线的行数/列数。
- **外观**：表示创建渐变网格后图形的高光表现方式，包含"平淡色"、"至中心"、"至边缘"等选项。当选中"平淡色"选项时，图形表面的颜色均匀分布（只创建了网格，颜色未发生变化），会将对象的原色均匀地覆盖在对象表面，不产生高光；当选择"至中心"选项时，在对象的中心创建高光；当选择"至边缘"选项时，会在对象的边缘处创建高光。
- **高光**：该数值框中的参数表示白色高光处的强度。100%代表将最大的白色高光值应用于对象，0%则代表不将任何白色高光应用于对象。

填充与描边

117

02 在对不规则的图形创建网格时，可以采用手动添加网格的方法。选中需要创建网格的图形，选择工具箱中的"网格工具" 选项，接着将光标移动到图形中，光标会变为 状，如下左图所示。单击即可创建一组网格线，如下右图所示。

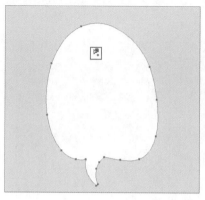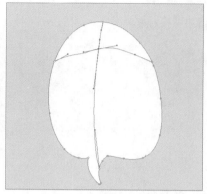

03 添加网格点后，打开"颜色"面板或"色板"面板，然后设置合适的渐变颜色，如下左图所示。除了设置颜色，还可以设置网格点的透明度，选择一个网格点，然后通过更改"属性栏"中的"不透明度"值，来设置网格点附近的透明效果，如下右图所示。

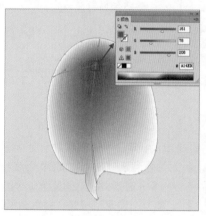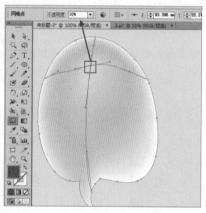

04 用户可以通过拖曳网格点，来更改颜色所处的位置。网格对象上的网格点的位置都不是固定的，用户可以使用"网格工具" 或"直接选择工具" ，选中网格点，按住鼠标左键并拖动，即可移动网格点，如下左图所示。若要删除网格点，则选择"网格工具"的同时按住Alt键，将光标移动至需要删除的网格点处，当光标将变为 状，单击鼠标左键，即可删除该网格点，如下右图所示。

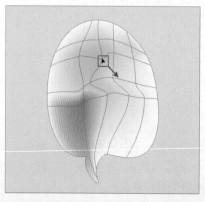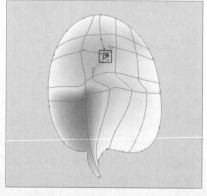

提示 若要沿着一条弯曲的网格线移动网格点，需要同时按住Shift键以保证网格点在移动的过程中不发生偏移。

4.7.2 使用网格工具调整对象形态

使用"网格工具"可以轻松更改图形的形态，且调整形态后颜色也会随之发生变化。选择工具箱中的"网格工具" 选项，将光标移到图形边缘的网格点处，按住鼠标左键拖曳网格点，如下左图所示。松开鼠标后图形也会随之发生变化，效果如下右图所示。

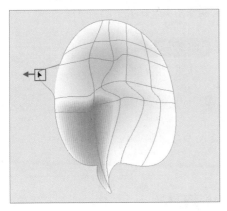
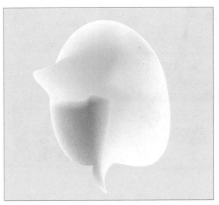

01
02
03
04
填充与描边
05
06
07
08
09
10
11
12

知识延伸：自定义图案

在Illustrator中，用户可以根据自己喜好将图形定义为图案。

01 选择画面中的图案，如下左图所示，执行"对象>图案>建立"命令，在弹出的Adobe Illustrator提示对话框中单击"确定"按钮，如下右图所示。

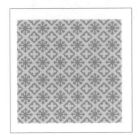
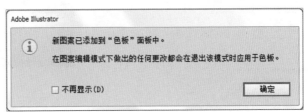

02 这时将弹出"图案选项"面板，在该面板中可以对图案的"名称"、"拼贴类型"、"砖形位移"等选项进行设置，在编辑过程中可以看到图案的预览效果，如下左图所示。接着单击文档标题栏下方的 完成 按钮，即可提交定义图案的操作。此时可以在"色板"面板中找到刚刚定义的图案，如下右图所示。接着绘制一个图形填充该图案并查看效果。

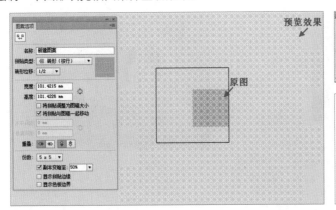
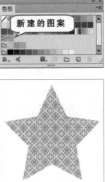

上机实训：制作图文混排的杂志内页版式

案例文件

制作图文混排的杂志内页版式.ai

视频教学

制作图文混排的杂志内页版式.flv

步骤 01 执行"文件>新建"命令，弹出"新建文档"对话框后，设置"大小"为A4，"取向"为横向，具体参数设置如下图所示。

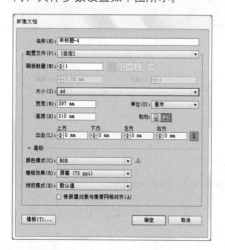

步骤 02 执行"文件>置入"命令，置入素材"1.jpg"，单击属性栏中的"嵌入"按钮，完成嵌入操作。接着调整素材"1.jpg"的大小，将鼠标放到素材定界框的控制点，按住Shift键同时向内拖曳控制点，将其等比例缩至合适大小，如下图所示。

步骤 03 单击工具箱中的"矩形工具" ▢ 按钮，在文档中单击，弹出"矩形"对话框后设置"宽度"为197mm，"高度"为141mm，单击"确定"按钮，得到一个矩形，如下图所示。

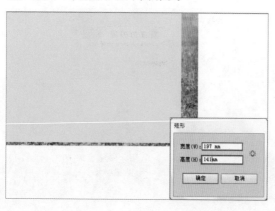

步骤 04 选中矩形和照片素材，执行"对象>剪切蒙版>建立"命令。此时矩形形状以外的照片部分被隐藏，效果如下图所示。

步骤 05 使用"矩形工具"在人像右侧绘制一个绿色的矩形，如下图所示。

步骤 06 接着在绿色矩形的右侧绘制一个灰色的矩形，效果如下图所示。

步骤 07 执行"窗口>渐变"命令，打开"渐变"面板。然后设置"类型"为"线性"，"颜色"为绿色系渐变，如下左图所示。单击工具箱中的"钢笔工具" ✐ 按钮，绘制多边形。再单击工具箱中的"渐变工具" ▦ 按钮，使用"渐变工具"在多边形上方拖曳调整渐变的方向后，查看效果。利用相同方法绘制另一侧多边形，如下右图所示。

步骤 08 再用"钢笔工具"绘制三角形作为阴影，如下左图所示。利用相同的方法制作出其他部分，如下右图所示。

步骤 09 单击工具箱中的"多边形工具" ▣ 按钮，在要绘制多边形的位置单击，弹出"多边形"对话框后，设置"半径"为7.5mm，"边数"为6，单击"确定"按钮，效果如下图所示。

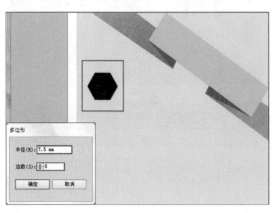

步骤 10 然后利用"吸管工具" ✐ 吸取一个渐变颜色，效果如下图所示。

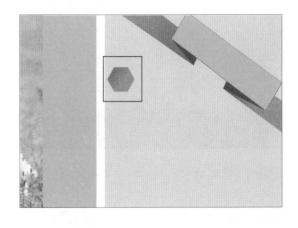

步骤 11 单击工具箱中的"文字工具" **T** 按钮，选择合适的字体以及字号，键入文字，如下图所示。

步骤 12 使用"选择工具"选中文字，对文字进行旋转，效果如下图所示。

步骤 13 单击"文字工具"按钮，在画面右侧按住鼠标左键绘制出段落文本框，并键入文字，如下图所示。

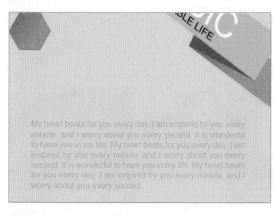

步骤 14 使用上述方法继续创建其他文本框文字，效果如下图所示。

步骤 15 选中图片，使用快捷键Ctrl+C复制图片，再用快捷键Ctrl+V进行粘贴，然后将粘贴的图片进行放大，使用"矩形工具"在图片上绘制矩形，如下图所示。

步骤 16 选中图片与矩形，执行"对象>剪切蒙版>建立"命令，将其摆放在画面右下角，效果如下图所示。

提示 想要创建"剪切蒙版"，也可以选中两个对象，然后单击鼠标右键执行"建立剪切蒙版"命令。

课后练习

1. 选择题

（1）使用"实时上色"工具不可以进行下面哪种操作？＿＿＿＿＿＿
    A. 调整图形的形状　　　　　　　　　B. 更改网格点的位置
    C. 更改网格点的颜色　　　　　　　　D. 填充图案

（2）使用哪种工具可以复制对象的属性？＿＿＿＿＿＿
    A. 直接选择工具　　　　　　　　　　B. 吸管工具
    C. 实时上色工具　　　　　　　　　　D. 渐变工具

（3）使用哪个快捷键可以打开"描边"面板？＿＿＿＿＿＿
    A. Ctrl+F8　　　　　　　　　　　　　B. Ctrl+F9
    C. Ctrl+F10　　　　　　　　　　　　D. Ctrl+F11

2. 填空题

（1）Illustrator提供了两种渐变类型，分别是＿＿＿＿和＿＿＿＿两种。

（2）在使用"实时上色工具"🔲进行描边设置时，需要按住＿＿＿＿键。

（3）从＿＿＿＿面板中可以选择颜色、渐变、图案。

3. 上机题

　　本案例需要使用钢笔工具绘制画面中的主体图形，并在图形中为照片创建剪切蒙版。同时还应用了"渐变"面板、文字工具等功能，案例效果如下图所示。

01
02
03
04
填充与描边
05
06
07
08
09
10
11
12

Chapter 05 文字

本章概述

文字是作品设计中的重要部分，Illustrator有着强大的文字处理能力，不仅可以创建多种不同形式的文字，还可以通过参数的设置制作出丰富多彩的效果。本章主要介绍各种文本形式的创建与编辑方法，以及各种文本效果的编辑与处理。

核心知识点

① 掌握创建不同类型文字的方法
② 学会使用"字符"面板和"段落"面板编辑文字属性的方法
③ 学会文字编辑和处理的方法

5.1 创建不同类型的文字

Illustrator中包含多种文字工具，可以创建点文字、段落文字、区域文字、路径文字，在工具箱中的文字工具组中能够找到这些用于创建文字的工具，虽然工具组中包含6种创建文字的工具和1种编辑文字的工具，但实际上创建文字的工具只有三种：文字工具、区域文字工具、路径文字工具。只不过这三种工具又各有创建横向、纵向两个方向文字的工具，如下图所示。

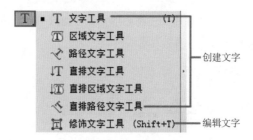

5.1.1 创建点文字

使用"文字工具" Ⓣ 在画面中单击，即可按照横排的方式，由左至右进行文字的输入，此时输入的文字就是点文字。

01 选择工具箱中的"文字工具" Ⓣ 选项，在属性栏中设置字体、字号以及对齐方式，并设置合适的填充颜色。在要创建文字的位置上单击，即可看到一个闪烁的光标，如下左图所示。接着键入文字内容，效果如下右图所示。

02 点文字的特点是不会换行，如果要换行需要按下Enter键，然后继续输入文字，如下左图所示。文字编辑完成后，按下Esc键，即可退出文字编辑。"直排文字工具"［IT］也是用于创建点文字的，但是"直排文字工具"所创建的文字是自上而下纵向排列的，如下右图所示。

5.1.2 创建段落文字

选择工具箱中的"文字工具"［T］选项，然后按住鼠标左键拖曳绘制文本框，如下左图所示。接着在文本框中闪烁的光标处输入文字，文字会被局限在文本框中，这段文字被称为段落文字，效果如下右图所示。

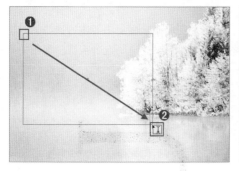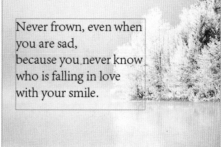

5.1.3 创建区域文字

"区域文字工具"可以在一个矢量图形构成的区域范围内添加文字，常用于在不规则形状内制作文字的排列效果。

选择一个矢量图形，如下左图所示。选择工具箱中的"区域文字工具"［T］选项，然后将光标移到路径内部，光标变为［T］状后单击，可以将路径转换为文字区域，如下中图所示。此时即可输入文字，会看到文字被限定在路径范围内，如下右图所示。

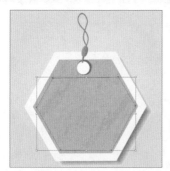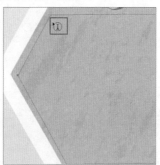

提示 "直排区域文字工具"［IT］与"区域文字工具"［T］的使用方法相同，都是用于创建区域文字。但是"直排区域文字工具"所创建的文字是自上而下纵向排列的。

5.1.4　创建路径文字

选择工具箱中的"路径文字工具"选项，将鼠标指针置于一条矢量路径上，光标变为状时单击，如下中图所示。接着输入文字，可以看到文字沿路径分布，如下右图所示。"直排路径文字工具"与"路径文字工具"的使用方法相同，都是用于创建路径文字，但是"直排路径文字工具"所创建的文字是纵向排列的。

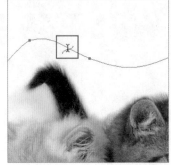

5.1.5　插入特殊字符

在输入文字时，若需要插入特殊文字或字体，可以使用Illustrator中的"字形"面板进行插入操作。执行"窗口>文字>字形"命令，打开"字形"面板，如下左图所示。根据需要进行选择，双击所选对象即可输入到当前插入符的位置，有的字符右下角带有向右的小箭头，说明这个字符包含相关隐藏字符可供选择，单击即可在文档中插入该字符，如下右图所示。

案例项目：使用文字工具制作文字版面

案例文件

使用文字工具制作文字版面.ai

视频教学

使用文字工具制作文字版面.flv

01 执行"文件>新建"命令,弹出"新建文档"对话框,设置"大小"为A4,"取向"为横向后,单击"确定"按钮,具体参数设置如右图所示。

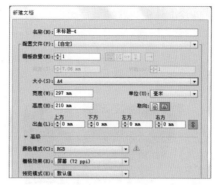

02 单击工具箱中的"钢笔工具" ✐按钮,设置填充为灰色,然后在画板上绘制一个梯形,如下左图所示。单击工具箱中的"区域文字工具" ▥按钮,单击对象路径上的任意位置,将路径转换为文字区域。然后在其中输入文字,如下右图所示。

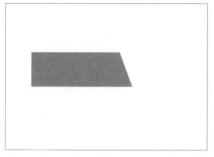

03 使用"矩形工具" ▭,在画面的上方和左侧分别绘制矩形,在属性栏中设置"填充"为蓝色,如下左图所示。接着键入其它文字,如下右图所示。

04 执行"文件>置入"命令,置入素材"1.jpg",单击属性栏中的"嵌入"按钮,完成嵌入操作。接着调整素材"1.jpg"的大小,将鼠标放到素材定界框的控制点,按住Shift键同时向内拖曳控制点,将其等比例缩放至合适大小,如下左图所示。单击工具箱中的"钢笔工具" ✐按钮,在画板上绘制一个梯形,如下右图所示。

05 使用"选择工具"加选梯形与图片，执行"对象>剪切蒙版>建立"命令，效果如下左图所示。利用上述方法绘制画面中其它部分，最终效果如下右图所示。

提示 想要创建"剪切蒙版"，也可以使用快捷键"Ctrl+7"。

5.2 文字的基本格式设置

在输入文字之前，可以在属性栏中设置好合适的字体、字号、文字颜色以及排列方式等文字的基本属性，除此之外，还可以使用"字符"面板和"段落"面板对文字属性进行调整。

5.2.1 编辑文字的基本属性

01 单击工具箱中的"文字工具"按钮，然后在属性栏设置合适的填充颜色。然后单击"字符"右侧的下三角按钮，在下拉菜单中选择所需的字体样式。接着设置文字大小，在"文字大小"下拉列表中选择所需字体大小选项，如下左图所示。在画面中单击并输入文字，文字输入完成后，按下键盘上的Esc键，退出文字编辑状态。在文字编辑状态下，按Enter键是换行，按"空格"键不会切换到"抓手工具"，所以要移动文字、变换文字，需要先退出文字的编辑状态。

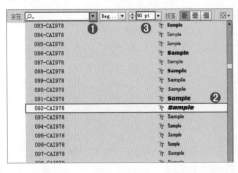 

02 退出文字编辑后，也可以对文字的颜色及大小等属性进行更改。例如在这里将字母S的字号调大，可以使用"文字工具"在S的前方或后方单击插入光标，如下左图所示。然后按住鼠标左键向文字的方向拖曳选中文字，如下中图所示。选中文字后在属性栏中增大文字的字号，效果如下右图所示。

中文版Illustrator CC艺术设计精粹案例教程

03 若要更改文字的颜色，首先需要选择所需颜色，然后可以利用"拾色器"对话框、"颜色"面板、"色板"面板等为文字更改颜色，如下左图所示。选中文字后，还可对字体进行更改，最终效果如下右图所示。

5.2.2 使用"字符"面板设置文字属性

选中文字对象，执行"窗口>文字>字符"命令或使用快捷键Ctrl+T，打开"字符"面板，如下图所示。选中文本后，在"字符"面板中即可对文本进行更加丰富的参数设置。

- **修饰所选字符**：与工具箱中的"修饰文字工具"相同，单击即可对所选字符进行编辑和修饰。
- **设置字体系列**：在下拉列表中可以选择文字的字体。
- **设置字体样式**：设置所选文字的字体样式。
- **设置字体大小**：在下拉列表中可以选择字体大小，也可在数值框中输入自定义字体大小。
- **设置行距**：用于设置字符行之间的间距大小，设置行距为150pt的效果如下左图所示。
- **垂直缩放**：用于设置文字的垂直缩放百分比，设置垂直缩放为50%的效果如下中图所示。
- **水平缩放**：用于设置文字的水平缩放百分比。
- **设置所选字符的字距微调**：用于设置所选字符的间距。
- **设置两个字符间距微调**：用于设置两个字符间的间距，如下右图所示。

5.2.3 使用"段落"面板设置文字属性

执行"窗口>文字>段落"命令，可以打开"段落"面板，在该面板中可以修改段落文字或多行的点文字段的对齐方式、缩进数值等参数，如下图所示。

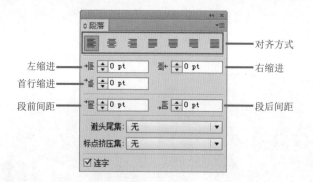

01 在默认情况下，"段落"面板中只显示最常用的选项。要显示所有选项，则在选项菜单中选择"显示选项"选项，如下左图所示。此时的面板如下右图所示。

02 选择段落文字，根据需要在段落面板中选择相应的段落对齐方式，即可对段落文字的对齐方式进行修改。

- **左对齐** ：文字将与文本框的左侧对齐，如下左图所示。
- **居中对齐** ：文字将按照中心线和文本框对齐，如下右图所示。
- **右对齐** ：文字将与文本框的右侧对齐，如下右图所示。

There are no trails of the wings	There are no trails of the wings	There are no trails of the wings
in the sky,	in the sky,	in the sky,
while the birds has flied away.	while the birds has flied away.	while the birds has flied away.

- **两端对齐，末行左对齐** ：将在每一行中尽量多地排入文字，行两端与文本框两端对齐，最后一行和文本框的左侧对齐，如下左图所示。
- **两端对齐，末行居中对齐** ：将在每一行中尽量多地排入文字，行两端与文本框两端对齐，最后一行和文本框的中心线对齐，如下中图所示。
- **两端对齐，末行右对齐** ：将在每一行中尽量多地排入文字，行两端与文本框两端对齐，最后一行和文本框的右侧对齐，如下右图所示。

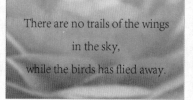
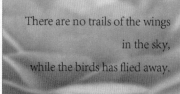

In the book it said: "Boa constrictors swallow their prey whole, without chewing it. After that they are not able to move, and they sleep through the six months that they need for digestion."

- **全部两端对齐**▤：文本框中的所有文字将按照文本框两侧进行对齐，中间通过添加字符间距来填充，文本的两侧保持整齐，如右图所示。

> In the book it said: "Boa constrictors swallow their prey whole, without chewing it. After that they are not able to move, and they sleep through the six months that they need for digestion."

03 选择段落文字，在"段落"面板中选择相应的段落缩进方式，即可调整缩进方式。选择文字，如下左图所示。在"段落"面板中"左缩进"▐ 数值框中输入相应的数值，文本的左侧边缘向右侧缩进，如下中图所示。在"段落"面板中的"右缩进"▐ 数值框中输入相应的数值，文本的右侧边缘向左侧缩进，如下右图所示。

> In the book it said: "Boa constrictors swallow their prey whole, without chewing it. After that they are not able to move, and they sleep through the six months that they need for digestion."

> In the book it said: "Boa constrictors swallow their prey whole, without chewing it. After that they are not able to move, and they sleep through the six months that they need for digestion."

> In the book it said: "Boa constrictors swallow their prey whole, without chewing it. After that they are not able to move, and they sleep through the six months that they need for digestion."

04 在"段落"面板中的"首行左缩进"▐ 数值框中输入相应的数值，文本的第一行左侧缩进，如下左图所示。在"段落"面板中的"段前间距"▐ 或"段后间距"▐ 的数值框中输入相应的数值，可以设置段落前间距和段落后间距，如下右图所示。

> In the book it said: "Boa constrictors swallow their prey whole, without chewing it. After that they are not able to move, and they sleep through the six months that they need for digestion."

> Once when I was six years old I saw a magnificent picture in a book, called True Stories from Nature, about the primeval forest. It was a picture of a boa constrictor in the act of swallowing an animal. Here is a copy of the drawing.
>
> In the book it said: "Boa constrictors swallow their prey whole, without chewing it. After that they are not able to move, and they sleep through the six months that they need for digestion."

> **提示** 对于大段的中文文章进行排版时，通常首行左缩进两个字符大小。英文通常不进行首行左缩进的设置，但需要进行段与段之间间距的设置。

5.2.4 设置文本排列方向

使用"文字>文字方向"命令，可以更改文本的排列方向。选择文字对象，执行"文字>文字方向>直排"命令，即可将文字的排列方向更改为直排，如下图所示。

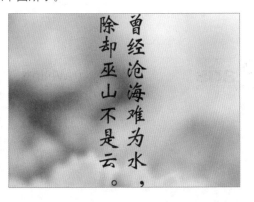

案例项目：使用文字工具制作杂志排版

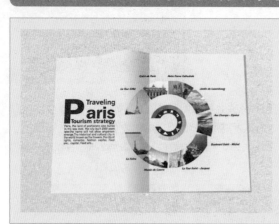

案例文件

使用文字工具制作杂志排版.ai

视频教学

使用文字工具制作杂志排版.flv

01 执行"文件>新建"命令，弹出"新建文档"对话框后，设置"大小"为A4，"取向"为横向，参数设置如图所示。单击"确定"按钮后，在属性栏中设置"填充"为浅灰色，使用"矩形工具" 绘制与画板同样大小的矩形，如下右图所示。

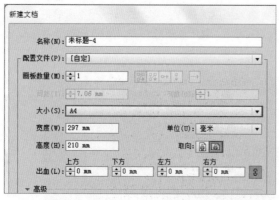

02 接下来为画面添加参考线。执行"视图>标尺>显示标尺"命令，然后从垂直标尺上拖曳出参考线。然后单击工具箱中的"文字工具" 按钮，选择合适的的字体以及字号，然后键入文字，如下左图所示。再次单击"文字工具"按钮，按住鼠标左键拖曳出矩形文本框，然后选择合适的的字体以及字号，键入文字，如下左图所示。单击工具箱中的"极坐标网络工具" 按钮，在画面中绘制一个极坐标图。接着执行"窗口>路径查找器"命令，弹出"路径查找器"面板后，单击"分割" 按钮。再选中极坐标网络，单击鼠标右键，在弹出的快捷菜单中选择"取消编组"命令，如下右图所示。

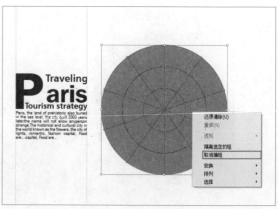

03 选中极坐标网络的最外层与最里层，按下Delete键，将其删除，如下左图所示。再选中极坐标网络，按住Shift键同时拖曳控制点将其等比例放大，如下右图所示。

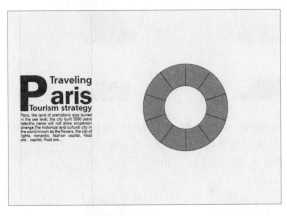
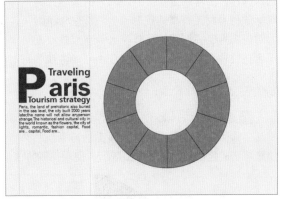

04 此时可以看到圆环的宽度太宽，接下来对其进行调整。单击工具箱中的"椭圆工具" ◯ 按钮，在绿色圆环中心位置绘制一个正圆，如下左图所示。加选圆形与圆环，单击"分割"按钮，再取消编组，将正圆形中的路径删除，如下右图所示。

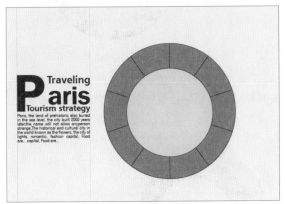
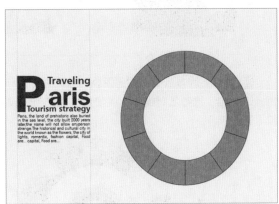

05 使用"矩形工具" ▭ 绘制矩形，如下左图所示。加选矩形与极坐标网络后，单击"分割"按钮，再取消编组，将矩形中的路径删除，如下右图所示。

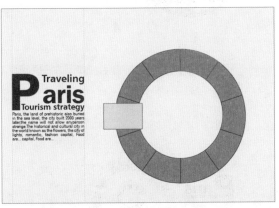
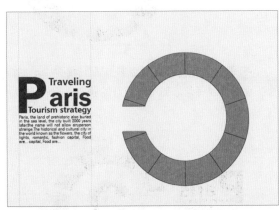

提示 使用快捷键"Shift+Ctrl+G"可以快速取消编组。

06 执行"文件>置入"命令，置入素材"1.jpg"，单击属性栏中的"嵌入"按钮，完成嵌入操作。接着调整素材"1.jpg"的大小，将鼠标放到素材定界框的控制点上，按住Shift键同时向内拖曳控制点，将其等比例缩放并放置于合适位置。多次使用快捷键Ctrl+[，将其下移，如右图所示。

07 选中素材"1.jpg"上方的两个路径，在"路径查找器"面板中单击"联集"圆按钮。得到一个新图形，如下左图所示。将这个新图形与素材"1.jpg"加选，接着执行"对象>剪切蒙版>建立"命令，创建剪切蒙版，效果如下中图所示。使用相同方法制作其它的图片部分，效果如下右图所示。

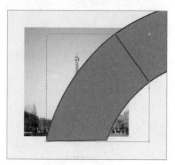

08 利用上述方法制作其他图块，如下左图所示。打开素材"10.ai"，选中其中的图案内容，按下快捷键Ctrl+C，进行复制操作，再使用快捷键Ctrl+V，将其粘贴到画板中，保持选中状态，调节其大小，如下右图所示。

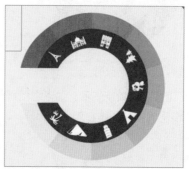

09 单击工具箱中的"文字工具"圆按钮，选择合适的的字体以及字号，键入文字，如下左图所示。最后我们可以将杂志制作成翻开的状态，最终效果如下右图所示。

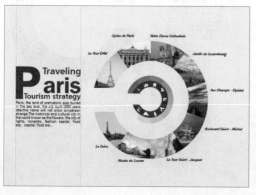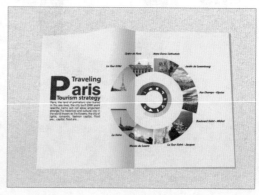

5.3　文字的编辑和处理

在Illustrator中不仅可以对文字的字体、字号、对齐方式等外观属性进行调整，还可以对文档中的文本信息进行修改，在本节中，主要讲解文字编辑的相关功能。

5.3.1　修饰文字工具

"修饰文字工具" [工] 可以对文本中的任意一个字符进行缩放和旋转操作。

选择工具箱中的"修饰文字工具" [工]，然后在画面中的任意一个字母或文字上单击，即可将这个文字选中并在文字周围出现定界框，如下左图所示。若要缩放文字，可以将光标移动到控制点处，然后按住鼠标左键拖曳，即可对文字进行缩放操作，如下中图所示。将光标放置在文本上方的控制点处，按住鼠标左键拖曳，即可旋转文字，如下右图所示。

5.3.2　文本框的串联操作

当文本框内的文字超出文本框后，在文本框的右下角会出现溢出标记 ⊞，这时我们可以通过文本串接，将未显示完全的文本在其他区域显示。串联后的文本可以统一管理，例如调整字间距、文字大小等属性。而且被串联的文本始终处于相通状态，如果其中一个文本框的尺寸缩小，多余的文字将显示在第二个文本框中。杂志或者书籍中文字分栏的效果大多都是应用文本串联制作而成的。

01 选中文档内的段落文字，在文本框的右下角有一个溢出标记 ⊞，如下左图所示。在使用"选择工具" [▶] 的状态下，将光标移动到溢出标记 ⊞ 处，光标变为 ▶ 形状后单击，然后移动到画面中的空白位置，此时光标变为 ▦ 状，如下中图所示。单击即可以看到一个新的文本框，如下右图所示。

02 如果要取消串联，将光标移动到文本框的 ▶ 处单击，随即光标变为 ▦ 状，如下左图所示。接着单击鼠标左键，即可取消文本串联，取消文本串联后选中空的文本框，按下Delete键即可将其删除，如下右图所示。

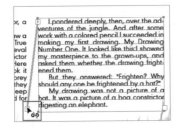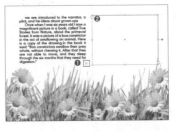

03 若要将两个独立的文本框进行串联，可以将这两个文本框同时选中，如下左图所示。接着执行"文字>串联文本>建立"命令，即可将两个文本进行串联。

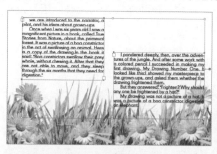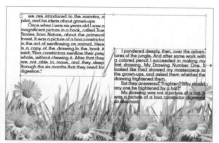

> **提示** 将多个文本框同时选中后，可以利用"对齐"面板调整各个文本框的对齐与分布。在同时选中的状态下，调整任何一个文本框的大小，其它的文本框也会随之发生相应的改变。

5.3.3 查找和替换文字字体

使用"查找字体"命令可以快速为选中的文字更改字体。选中段落文字，如下左图所示，执行"文字>查找字体"命令，打开"查找字体"对话框，在对话框中的"文档中的字体"列表中会显示文档中所有的字体，然后单击"替换字体来自"右侧的下三角按钮，选择"系统"选项，然后在下方的列表中选择所需的字体，单击"更改"按钮后单击"完成"按钮，关闭该对话框，如下中图所示。此时更改后的文字效果如下右图所示。

5.3.4 更改文字大小写

选择要更改的字符或文字对象，执行"文字>更改大小写"命令，在其子菜单中可以看到4个选项，分别是"大写"、"小写"、"词首大写"和"句首大写"，如下左图所示。这四个选项的对比效果如下右图所示。

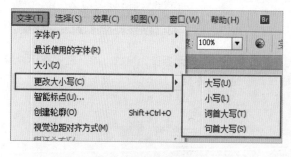

- **大写**：将所有字符全部更改为大写。
- **小写**：将所有字符全部更改为小写。
- **词首大写**：将每个单词的首字母大写。
- **句首大写**：将每个句子的首字母大写。

中文版Illustrator CC艺术设计精粹案例教程

5.3.5 文字绕图排列

文字绕图排列是非常常见的一种文字表现形式。应用"文本绕排"功能可以将区域文本绕排在任何对象的周围，包括文字对象、导入的图像以及在Illustrator中绘制的对象。

01 当文档中包含段落文字时，如下左图所示。若将其他的对象移到文本的上方，此时文本将被遮挡，如下右图所示。

 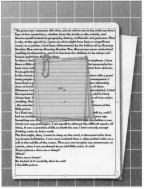

02 选择要放置在文档中的对象，执行"对象>文本绕排>建立"命令，文本绕排的效果如下左图所示。使用"选择工具"移动图形或文字，文本排列方式也发生变化。执行"对象>文本绕排>文本绕排选项"命令，在弹出的对话框中设置"位移"参数，该参数设置是用来设置文字与图形之间的间距，如下右图所示。

 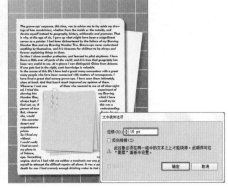

5.3.6 为文字创建轮廓

使用"创建轮廓"命令将文字转换为图形后，文字的基本属性将发生变化，无法再更改其字体或设置段落样式。选择文字对象，如下左图所示。执行"文字>创建轮廓"命令，将文字对象转换为图形对象，如下右图所示。

5.3.7 拼写检查

使用"拼写检查"命令可以对指定的文本进行检查，帮助用户修正拼写和基本的语法错误。

01 在一个包含文本的文档中，执行"编辑>拼写检查"命令，打开"拼写检查"对话框，单击该对话框中的"开始"按钮，开始拼写检查，如下图所示。

02 在对话框上方的文本框中会显示错误的单词，并提示这是个"未找到单词"。在"建议单词"列表框内会显示和错误单词非常相近的单词，如下左图所示。若在"建议单词"列表框中有需要的单词，可以单击进行选择，然后单击"更改"按钮。若没有其他需要更改的单词，可以单击"完成"按钮，完成更改操作，如下中图所示。此时文本被进行了更改，效果如下右图所示。

 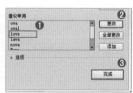 

- **忽略/全部忽略**：单击"忽略"或"全部忽略"按钮，则继续拼写检查，而不更改特定的单词。
- **更改**：从建议单词列表中选择一个单词，或在对话框上文的文本框中键入正确的单词，然后单击"更改"按钮，只更改出现拼写错误的单词。
- **全部更改**：单击该按钮，可以更改文档中所有出现拼写错误的单词。
- **添加**：单击该按钮，可以添加一些被认为错误的单词到词典中，以便在以后的操作中不再将其判断为拼写错误。

5.3.8 智能标点

"智能标点"命令是用于搜索键盘标点字符，并将其替换为相同的印刷体标点字符的命令。执行"文字>智能标点"命令，在弹出的"智能标点"对话框中可以进行参数的设置，如右图所示。

- **ff、fi、ffi连字**：勾选该复选框，将ff、fi或ffi字母组合转换为连字。
- **ff、fl、ffl连字**：勾选该复选框，将ff、fl或ffl字母组合转换为连字。
- **智能引号**：勾选该复选框，将键盘上的直引号改为弯引号。

- **智能空格**：勾选该复选框，消除句号后的多个空格。
- **全角、半角破折号**：勾选该复选框，用半角破折号替换两个键盘破折号，用全角破折号替换三个键盘破折号。
- **省略号**：勾选该复选框，用省略点替换三个键盘句点。
- **专业分数符号**：勾选该复选框，用同一种分数字符替换分别用来表示分数的各种字符。
- **替换范围**：选择"仅所选文本"单选按钮，则仅替换所选文本中的符号。
- **报告结果**：勾选该复选框，可看到所替换符号数的列表。

5.3.9　使用制表符

"制表符"可将文本框中的文字定位到一个统一的位置上，并按照这些位置的不同属性进行对齐操作。

01 选择画面中的段落文字，如下左图所示。执行"窗口>文字>制表符"命令，可以打开"制表符"面板，在该面板中刻度尺的左上角有两个三角形滑块，分别是"首行缩进"▶和"左缩进"◀，如下右图所示。

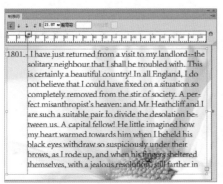
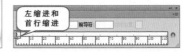

02 选中段落文本，向右拖曳"左缩进"◀滑块，可以看到除了首行以外的文字都统一向右移动了，而且这些文字都统排列在一条垂直线上，如下左图所示。接着选择"首行缩进"▶滑块并将其向右拖曳，效果如下右图所示。

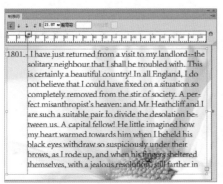
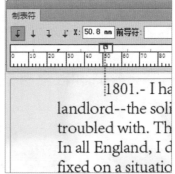

5.4　文字样式的应用

在对包含大量文字的版面进行排版时，可以将常用的文字格式创建为"文本样式"，用户可以应用该"文本样式"快速为文档中文字应用所需的文本样式。Illustrator中提供了两种不同的文字样式，分别为字符样式和段落样式。

5.4.1　创建字符样式/段落样式

"字符样式"面板和"段落样式"面板的使用方法相似，使用"字符样式"面板，可以设置字符的样式；使用"段落样式"面板，可以设置文字的段落样式。

01 要创建字符样式，可以执行"窗口>文字>字符样式"命令，在弹出的"字符样式"面板中，单击"创建新样式"按钮即可，如下左图所示；要创建段落样式，可以执行"窗口>文字>段落样式"命令，在弹出的"段落样式"面板中，单击"创建新样式"按钮即可，如下右图所示。

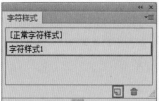
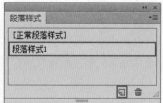

02 如果要使用自定名称创建样式，则在面板菜单中选择"新建样式"命令，在弹出的对话框中键入字符样式名称即可，如下图所示。

03 在面板菜单中选择"字符样式选项"或"段落样式选项"，在弹出的相应对话框中，对样式进行设置，如下图所示。

5.4.2　使用字符样式和段落样式

1. 使用字符样式

01 执行"窗口>字符>字符样式"命令，打开"字符样式"面板，单击"创建新样式"按钮，新建"字符样式1"样式，接着双击"字符样式1"右侧的空白区域，即可打开"字符样式选项"对话框，如下左图所示。在"字符样式选项"对话框中选择"基本字符格式"选项，然后在"字体系列"中选择一个合适的字体，在"大小"选项中设置文字的大小，设置完成后单击"确定"按钮，如下右图所示。

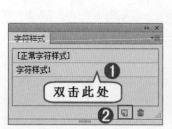
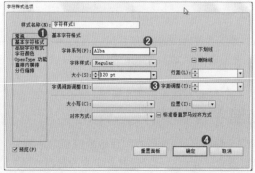

02 接着选择画面中的文字，如下左图所示。然后单击"字符样式"面板中的"字符样式1"样式，此时文字被赋予了该字符样式，效果如下右图所示。

2. 使用段落样式

01 执行"窗口>文字>段落样式"命令，在打开的"段落样式"面板中，单击"创建新样式"按钮 ，新建"段落样式1"，接着双击"段落样式1"右侧的空白区域，会打开"段落样式选项"对话框，如下左图所示。接着在"段落样式选项"对话框中选择"基本字符格式"选项，然后设置合适的字体、字号，单击"确定"按钮，如下右图所示。

02 然后在画面中键入一段段落文字，如下左图所示。选择这段文字，单击"段落样式"面板中的"段落样式1"选项，此时文字就赋予了该段落样式，效果如下右图所示。

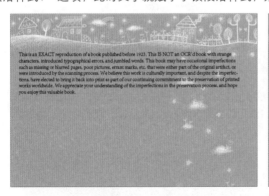
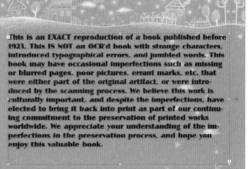

提示 在"字符样式"面板或"段落样式"面板中，样式名称旁边的加号表示该样式具有覆盖样式，覆盖样式与当前样式所定义的属性不匹配。

03 要对已有样式进行修改时，可以在样式面板中选择要修改的样式，在面板菜单中选择"字符样式选项"或"段落样式选项"，如下左图所示。然后对样式进行修改，单击"确定"按钮即可完成修改，如下右图所示。

- **重新定义字符样式**：要重新定义样式并保持文本的当前外观，则需要至少选择文本的一个字符，然后从面板菜单中选择"重新定义字符样式"命令。
- **清除优先选项**：要清除覆盖样式并将文本恢复到样式定义的外观，则从面板菜单中选择"清除优先选项"选项即可。
- **载入字符/段落样式**：在"字符样式"或"段落样式"的面板菜单中选择"载入字符样式"或"载入段落样式"选项，在弹出的对话框中选择要导入的文件，单击"确定"按钮，即可载入样式到相应面板中。
- **删除字符/段落样式** 🗑：选中样式，单击该按钮即可将样式删除。

 知识延伸：通过"置入"命令添加大量文字

使用"置入"命令可将文本文件置入到文档中，这个功能在对大量文字进行编辑中是很实用的。

01 如果要将文本导入到当前文档中，需要执行"文件>置入"命令，在打开的"置入"对话框中选择要导入的文本文件，然后单击"置入"按钮，如下左图所示。当置入Word文档时，在单击"置入"按钮后，会弹出"Microsoft Word选项"对话框，此时可以选择要置入的文本包含哪些内容，如下右图所示。

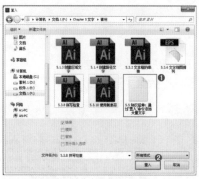

02 设置完成后单击"确定"按钮，回到文档内在画面中单击鼠标左键，如下左图所示。此时可以看到文字被置入到画面中，如下右图所示。

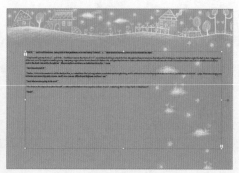

上机实训：使用文字工具制作三折页效果

案例文件

使用文字工具制作三折页.ai

视频教学

使用文字工具制作三折页.flv

步骤 01 执行"文件>新建"命令，弹出"新建文档"对话框，设置"大小"为A4，"取向"为横向。参数设置如下图所示。

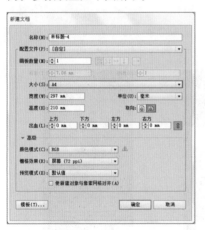

步骤 02 执行"视图>标尺>显示标尺"命令后，从垂直标尺上拖曳出参考线，如下图所示。

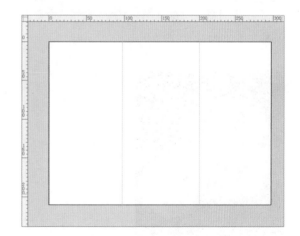

步骤 03 首先为画面制作底色。单击工具箱中的"矩形工具" 按钮，设置填充为深蓝色，然后在文档的左侧绘制矩形，如下图所示。

步骤 04 用相同的方法绘制其他矩形，如下图所示。

步骤 05 单击工具箱中的"椭圆工具" ⬭ 按钮，在属性栏中设置填充颜色为粉红色，轮廓色为无，在要绘制圆形的位置单击，弹出"椭圆"对话框后设置"宽度"为62mm，"高度"为62mm。参数设置如下左图所示。点击工具箱中的"文字工具" T ，在圆形中拖曳出矩形文本框，然后选择合适的字体以及字号，点击属性栏中的"居中对齐"按钮 ☰ ，接着在其中键入文字。如下右图所示。

步骤 06 执行"文件>置入"命令，置入素材"1.jpg"，点击属性栏中的"嵌入"按钮，完成嵌入操作，如下左图所示。使用"椭圆工具" ⬭ ，在人物的头部绘制一个正圆，如下右图所示。

步骤 07 使用"选择工具"同时选中素材"1.jpg"与正圆形，执行"对象>剪切蒙版>建立"命令，创建剪切蒙版，如下图所示。

步骤 08 单击工具箱中的"文字工具" T 按钮，在画面下方拖曳出矩形文本框，然后选择合适的字体以及字号，键入文字，如下左图所示。再制作画面中其它文字与圆形，如下右图所示。

步骤 09 接着将素材"2.jpg"置入到画面中，然后利用"剪切蒙版"将人物限定在画面的右侧，效果如下图所示。

步骤 10 继续为画面中添加文字，最终完成效果如下图所示。

课后练习

1. 选择题

(1) 以下_____工具可在不将文字转换为形状、取消编组情况下，对文字进行缩放或旋转操作？
　　A. 文字工具　　　　　　　　　　　　B. 修饰文字工具
　　C. 路径文字工具　　　　　　　　　　D. 区域文字工具

(2) 使用文字工具组中的_____工具无法创建对象？
　　A. 路径文字　　　　　　　　　　　　B. 美术字
　　C. 区域文字　　　　　　　　　　　　D. 六边形

(3) 如果要设置一段文字的行距，需要在哪个面板或窗口中进行调整？_____
　　A. "字符" 面板　　　　　　　　　　　B. "段落" 面板
　　C. "查找字体" 窗口　　　　　　　　　D. "字符样式" 面板

2. 填空题

(1) 使用_____命令可以更改文本排列的方向。

(2) 使用快捷键_____可以打开 "字符" 面板。

(3) 若要制作文字围绕在图形周围的效果，可以使用_____功能。

3. 上机题

　　本案例首先使用文字工具键入文字，并为其创建轮廓，然后调整路径节点位置，对其进行变形，制作出艺术化的效果。最后使用钢笔工具绘制文字的背景并添加素材装饰，案例完成效果如下图所示。

本章概述

Illustrator中的"效果"功能是应用于对象外观，而并非直接作用于对象的本质。当向对象应用一个效果时，效果会显示在"外观"面板中，此时我们可以在"外观"面板中修改或删除该效果。在本章中主要来讲解如何使用各种效果组，制作出丰富多样的效果。

核心知识点

❶ 掌握"效果"菜单的使用方法
❷ 学会利用效果组来制作所需的效果

6.1 "效果"菜单的应用

单击菜单栏中的"效果"菜单按钮，在下拉列表中可以看到很多效果组，每一个效果组中又包含多个效果。这些效果的使用方法非常相似，下面我们来学习一下如何使用Illustrator中的效果。

6.1.1 为对象应用效果

在"效果"菜单包括很多效果，我们以其中一种为例进行介绍。首先选中要应用效果的矢量对象，如下左图所示。然后执行"效果>风格化>外发光"命令，在弹出的"外发光"对话框中我们可以设置相应的选项，如下中图所示。单击"确定"按钮后，可以看见相应的效果，如下右图所示。

6.1.2 栅格化效果

"效果"菜单中的"栅格化"命令与"对象"菜单中的"栅格化"命令不同。"效果"菜单中的"栅格化"命令可以创建栅格化外观，使其暂时变为位图对象，而不是更改对象的底层结构。执行"效果>栅格化"命令，在弹出的对话框中可以对栅格化选项进行设置，如右图所示。

- **颜色模型**：用于确定在栅格化过程中所用的颜色模型。
- **分辨率**：用于确定栅格化图像中的每英寸像素数。
- **背景**：用于确定矢量图形的透明区域如何转换为像素。"白色"可用白色像素填充透明区域，"透明"可使背景透明。
- **消除锯齿**：应用消除锯齿效果，以改善栅格化图像的锯齿边缘外观。
- **创建剪切蒙版**：创建一个使栅格化图像的背景显示为透明的蒙版。
- **添加环绕对象**：可以通过指定像素值，为栅格化图像添加边缘填充或边框。

6.1.3 修改或删除效果

修改或删除效果都可以通过"外观"面板来操作。首先需要选中已添加效果的对象，如下左图所示。然后执行"窗口>外观"命令，弹出"外观"面板，在"外观"面板中单击带有下划线的蓝色效果名称，在弹出的效果对话框中进行修改。设置完成后单击"确定"按钮，效果就更改完成了，如下中图所示。如果要删除效果，首先选择效果所在的位置，然后单击"删除"按钮 🗑，随即效果就被删除，如下右图所示。

 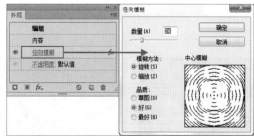 

6.2 使用3D效果组

3D效果组可以从二维图稿创建三维对象。用户可以通过高光、阴影、旋转以及其他属性来控制对象的3D外观。3D效果组包括"凸出和斜角"、"绕转"、"旋转"三个效果。

6.2.1 "凸出和斜角"效果

"凸出和斜角"效果用于创建对象凸出于平面、斜角样式以及表面光照等效果。首先选中对象，如下左图所示。然后执行"效果>3D>凸出和斜角"命令，弹出"3D凸出和斜角选项"对话框，在对话框中对角度以及凸出厚度等数值进行设置，如下中图所示。设置完毕后单击"确定"按钮，效果如下右图所示。

 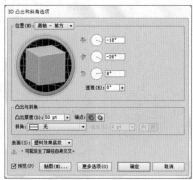 

提示 在效果设置窗口中勾选"预览"按钮，可以在设置参数的同时，观察到画面效果。

● **位置**：设置对象如何旋转以及观看对象的透视角度。在下拉表中选择预设位置选项，也可以设置右侧三个数值框的不同方向进行旋转调整，还可以直接使用鼠标拖曳进行设置。

 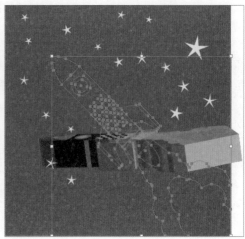

● **透视**：通过设置该选项中的参数，进行调整该对象的透视效果。数值为0°时，没有任何效果，角度越大透视效果越明显。如下图所示。

● **凸出厚度**：设置对象的深度，凸出厚度的值介于0到2000之间。
● **端点**：指定显示的对象是实心（开启端点 ⊙）还是空心（关闭端点 ⊙）。如下图所示。

- **斜角**：沿对象的深度轴（z轴）应用所选类型的斜角边缘。
- **高度**：设置介于1到100之间的高度值。
- **斜角外扩** 🔲：将斜角添加至对象的原始形状。
- **斜角内缩** 🔲：自对象的原始形状砍去斜角。
- **表面**：控制表面底纹。"线框"绘制对象几何形状的轮廓，并使每个表面透明。"无底纹"不向对象添加任何新的表面属性。"扩散底纹"使对象以一种柔和、扩散的方式反射光。"塑料效果底纹"使对象以一种闪烁、光亮的材质模式反射光。单击"更多选项"按钮可以查看完整的选项列表。
- **光源强度**：用来控制光源的强度。
- **环境光**：控制全局光照，统一改变所有对象的表面亮度。
- **高光强度**：用来控制对象反射光的多少。
- **高光大小**：用来控制高光的大小。
- **混合步骤**：用来控制对象表面所表现出来的底纹的平滑程度。
- **底纹颜色**：用来控制底纹的颜色。
- **后移光源按钮** 🔲：将选定光源移到对象后面。
- **前移光源按钮** 🔲：将选定光源移到对象前面。
- **新建光源按钮** 🔲：用来添加新的光源。
- **删除光源按钮** 🔲：删除所选的光源。
- **保留专色**：保留对象中的专色，如果在"底纹颜色"选项中选择了"自定"，则无法保留专色。
- **绘制隐藏表面**：显示对象的隐藏背面。如果对象透明，或是展开对象并将其拉开时，便能看到对象的背面。

6.2.2 "绕转"效果

"绕转"效果可将路径或图形沿垂直方向做圆周运动，通过这一方法来创建3D效果。首先选中对象，如下左图所示。然后执行"效果>3D>绕转"命令。在弹出的"3D绕转选项"对话框中对相关参数进行设置，如下中图所示。单击"确定"按钮即可创建"绕转"效果，如下右图所示。

 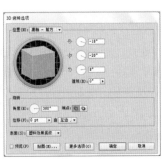 

- **角度**：设置0°到360°之间的路径绕转度数。
- **端点**：指定显示的对象是实心（打开端点）还是空心（关闭端点）对象。
- **位移**：在绕转轴与路径之间添加距离，例如可以创建一个环状对象。
- **自**：设置对象绕之转动的轴，包括"左边"和"右边"。

6.2.3 "旋转"效果

当需要对一个二维或三维对象进行三维空间上的旋转时，可以通过"旋转"来实现。首先选中对象，如下左图所示。然后执行"效果>3D>旋转"，在弹出"3D旋转选项"对话框中，设置相应的参数，如下中图所示。单击"确定"按钮，效果如下右图所示。

- **位置**：设置对象如何旋转以及观看对象的透视角度。
- **透视**：用来控制透视的角度。
- **表面**：创建各种形式的表面，从黯淡、不加底纹的不光滑表面到平滑、光亮，看起来类似塑料的表面。

案例项目：使用3D效果制作立体标志

案例文件

使用3D效果制作立体标志.ai

视频教学

使用3D效果制作立体标志.flv

01 执行"文件>打开"命令，打开素材1.ai，如下左图所示。为画面添加文字，首先设置"填充"为粉色，"描边"为紫色，在属性栏中设置"描边粗细"为3pt，"变量宽度"为等比。然后单击工具箱中的"文字工具"按钮，选择合适的字体以及字号，输入文字，如下右图所示。

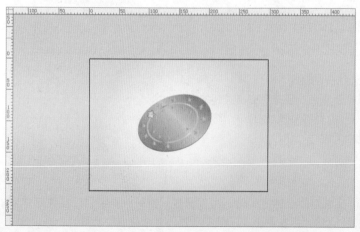 

02 选中素材"1.ai"中的小星星，单击右键执行"排列>置于顶层"命令，如下左图所示。选中字母，执行"效果>3D>凸出和斜角"命令，弹出"3D凸出和斜角选项"对话框后设置"指定绕X轴旋转"为-18度，"指定绕Y轴旋转"为-26度，"指定绕Z轴旋转"为8度，如下中图所示。效果如下右图所示。

 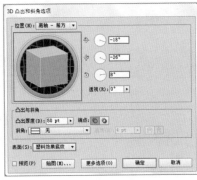 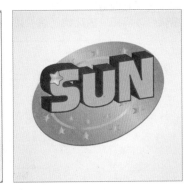

03 利用上述方法制作其他文字的立体效果，如下图所示。

6.3 "SVG滤镜"

"SVG滤镜"基于XML并且不依赖于分辨率，因此它与位图效果有所不同。事实上，SVG滤镜就是一系列描述各种数学运算的 XML属性，生成的效果将应用于目标对象而不是源图形。Illustrator CC提供了一组默认的SVG滤镜，可以选择使用默认的SVG滤镜效果，也可以编辑XML代码以生成自定效果，或者写入新的SVG滤镜效果。

6.3.1 认识"SVG滤镜"

使用SVG滤镜实际上是添加图形属性，例如添加投影到图稿。执行"效果>SVG滤镜>应用SVG滤镜"命令，打开"应用SVG滤镜"对话框，在该对话框的列表框中可以选择所需要的效果，勾选"预览"复选框可以查看相应的效果，单击"确定"按钮即可执行选定的SVG滤镜，如下左图所示。如下右图所示为使用SVG滤镜的预览效果。

6.3.2 编辑"SVG滤镜"

选中对象，执行"效果>SVG滤镜>应用SVG滤镜"命令。在弹出的"应用SVG滤镜"对话框中，选择需要编辑的滤镜，单击"编辑SVG滤镜" <kbd>fx</kbd> 按钮，如下左图所示。在弹出的"编辑SVG滤镜"界面中，编辑修改界面中的默认代码，如下右图所示。

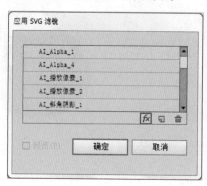

6.3.3 自定义"SVG滤镜"

选中对象，执行"效果>SVG滤镜>应用SVG滤镜"命令，弹出"应用SVG滤镜"对话框，单击"新建SVG滤镜" <kbd>🔲</kbd> 按钮，如下左图所示。在弹出"编辑SVG滤镜"界面中输入新代码，即可自定义新建SVG滤镜，如下右图所示。

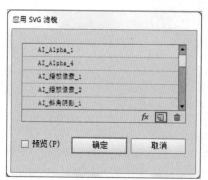

6.4 使用"变形"效果

"变形"效果组可以使对象的外观形状发生变化，并且"变形"效果是实时的，我们可以随时更改或删除效果。选中对象，如下左图所示。执行"效果>变形"命令，在子菜单中即可选择需要变形的类型，如下中图所示。在弹出的"变形选项"对话框中也可以重新设置变形的"样式"，或者通过改变参数以更改变形效果，如下右图所示。

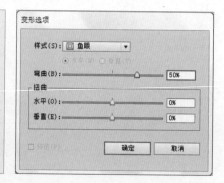

● **样式**：在该下拉表中选择不同的选项，定义不同的变形样式，各种变形效果如下图所示。

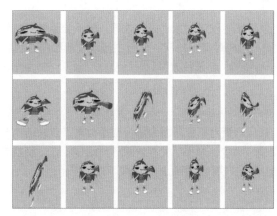

● **水平和垂直**：控制产生"水平"还是"垂直"的变形效果，如下图所示。

● **弯曲**：调整该选项中的参数，定义扭曲的程度，绝对值越大弯曲的程度越大。
● **水平**：调整该选项中的参数，定义对象扭曲时在水平方向单独进行扭曲的效果，如下图所示。

● **垂直**：调整该选项中的参数，定义对象扭曲时在垂直方向单独进行扭曲的效果，如下图所示。

6.5 "扭曲和变换"效果组

"扭曲和变换"效果组可以方便地改变对象的显示效果，但不会改变对象的根本形状。因为"扭曲和变换"的效果是实时的，我们可以随时在"外观"面板中修改或删除所应用的效果。效果组中包含"变换"、"扭拧"、"扭转"、"收缩和膨胀"、"波纹效果"、"粗糙化"以及"自由扭曲"等多种效果。

6.5.1 "变换"效果

"变换"效果可以缩放对象、调整对象位置或者镜像变换对象。首先选中对象，如下左图所示。然后执行"效果>扭曲和变换>变换"命令，弹出"变换效果"对话框，在"变换效果"对话框中进行相应的参数设置，如下中图所示。应用"变换"效果后的效果如下右图所示。

- **缩放**：在该选项区域中分别调整"水平"和"垂直"数值框中的参数，定义缩放比例。
- **移动**：在该选项区域中分别调整"水平"和"垂直"数值框中的参数，定义移动的距离。
- **角度**：在数值框中设置相应的数值，定义旋转的角度。也可以拖曳控制柄进行旋转。
- **对称x、y**：勾选该选项时，可以对对象进行镜像处理。
- **定位器**：在定位器区域中，可以设置变换的中心点。
- **随机**：勾选该选项时，将对调整的参数进行随机变换，而且每一个对象的随机数值并不相同。

> **提示** 为对象添加"变换"效果虽然能够使对象产生变换的效果，但是如果想要修改或删除变换效果，还可以在"外观"面板中进行编辑。

6.5.2 "扭拧"效果

"扭拧"效果可以随机地向内或向外弯曲和扭曲路径段。首先选中对象，如下左图所示。然后执行"效果>扭曲和变换>扭拧"命令，弹出"扭拧"对话框，如下中图所示。在"扭拧"对话框中进行相应的参数设置，效果如下右图所示。

中文版Illustrator CC艺术设计精粹案例教程

- **水平**：在数值框输入相应的数值，可以定义对象在水平方向的扭拧幅度。
- **垂直**：在数值框输入相应的数值，可以定义对象在垂直方向的扭拧幅度。
- **相对**：勾选该单选按钮，将定义调整的幅度为原水平的百分比。
- **绝对**：勾选该单选按钮，将定义调整的幅度为具体的尺寸。
- **锚点**：勾选该单选按钮，将修改对象中的锚点。
- **"导入"控制点**：勾选该复选框，将修改对象中的导入控制点。
- **"导出"控制点**：勾选该复选框，将修改对象中的导出控制点。

6.5.3 "扭转"效果

"扭转"效果可以模拟制作顺时针或逆时针扭转对象的形状。首先选中对象，如下左图所示。然后执行"效果>扭曲和变换>扭转"命令，在弹出的"扭转"对话框中，我们可以通过对"角度"数值的设置定义对象扭转的程度，如下中图所示。效果如下右图所示。

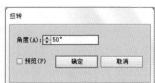

> **提示** 输入的角度数值为正值时会产生顺时针的旋转，数值为负值时，则产生逆时针的旋转。

6.5.4 "收缩和膨胀"效果

"收缩和膨胀"效果是以对象中心点为基点，进行收缩或膨胀的变形调整。首先选中对象，如下左图所示。然后执行"效果>扭曲和变换>收缩和膨胀"命令，弹出"收缩和膨胀"对话框，当设置"收缩和膨胀"的值为正时，对象进行"膨胀"变形，效果如下中图所示。设置值为负时对象进行"收缩"变形，效果如下右图所示。

6.5.5 "波纹"效果

"波纹"效果用于对路径边缘进行波纹化的扭曲，应用该效果时将在路径内侧和外侧分别生成波纹或锯齿状线段锚点。首先选中对象，如下左图所示。然后执行"效果>扭曲和变换>波纹效果"命令，弹出"波纹效果"对话框，在"波纹效果"对话框中进行相应的参数设置，如下中图所示。效果如下右图所示。

- **大小**：在数值框输入相应的数值，定义波纹效果的尺寸。
- **相对**：选择该单选按钮，将定义调整的幅度为原水平的百分比。
- **绝对**：选择该单选按钮，将定义调整的幅度为具体的尺寸。
- **每段的隆起数**：通过调整该选项中的参数，定义每一段路径出现波纹隆起的数量。
- **平滑**：选择该单选按钮，将使波纹的效果比较平滑。
- **尖锐**：选择该单选按钮，将使波纹的效果比较尖锐。

6.5.6 "粗糙化"效果

　　"粗糙化"效果可以让对象的路径段变形为各种大小的尖峰和凹谷的锯齿数组，使对象看起来粗糙。首先选中对象，如下左图所示。执行"效果>扭曲和变换>粗糙化"命令，弹出"粗糙化"对话框，在该对话框中进行相应的参数设置，如下中图所示。效果如下右图所示。

- **大小**：在数值框输入相应的数值，定义粗糙化效果的尺寸。
- **相对**：选择该单选按钮，将定义调整的幅度为原水平的百分比。
- **绝对**：选择该单选按钮，将定义调整的幅度为具体的尺寸。
- **细节**：通过调整该选项中的参数，定义粗糙化细节每英寸出现的数量。
- **平滑**：选择该单选按钮，将使粗糙化的效果比较平滑。
- **尖锐**：选择该单选按钮，将使粗糙化的效果比较尖锐。

提示 文字对象也可以使用"粗糙化"效果进行处理。

6.5.7 "自由扭曲"效果

　　"自由扭曲"效果可以通过拖动四个角落任意控制点的方式来改变矢量对象的形状。首先选中对象，如下左图所示。执行"效果>扭曲和变换>自由扭曲"命令，弹出"自由扭曲"对话框，如下中图所示。在"自由扭曲"对话框中对控制点进行相应的调整，效果如下右图所示。

中文版Illustrator CC艺术设计精粹案例教程

 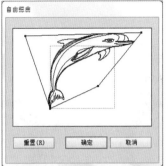 

6.6 "路径"效果组

　　"路径"效果组可以对相应的路径进行各种不同的变换处理。"路径"效果组具体包括"位移路径"、"轮廓化对象"和"轮廓化描边"效果。

6.6.1 "位移路径"效果

　　"位移路径"是指沿现有路径的外部或内部轮廓创建新的路径。首先选中要添加效果的对象，如下左图所示。然后执行"效果>路径>位移路径"命令，此时可以在"偏移路径"对话框中进行相应的参数设置。如下右图所示。

 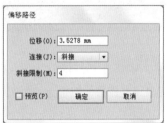

- **位移**：在该数值框中输入相应的数值可以定义路径外扩的尺寸。
- **连接**：在该选项的下拉表中选中不同的选项，定义路径转换后的拐角和包头方式。包括斜接、圆角、斜角。如下图所示。

- **斜接限制**：在数值框输入相应的数值，过小的数值可以限制尖锐角的显示。

提示 "位移"为正值时，路径向外扩展。数值为负值时，路径向内收缩。

6.6.2 "轮廓化对象"效果

选择对象，如下左图所示。执行"效果>路径>轮廓化对象"命令，此时该路径对象将转换为轮廓，同时可以为文字填充渐变效果，如下右图所示。

6.6.3 "轮廓化描边"效果

"轮廓化描边"可将所选的描边路径"轮廓化"，从而可以为描边添加更丰富效果。首先选中对象，如下左图所示。然后执行"效果>路径>轮廓化描边"命令即可，如下右图所示为执行"轮廓化描边"的效果。

6.6.4 "路径查找器"效果

"路径查找器"可以调整图形与图形之间的组合关系，例如我们可以利用"路径查找器"在一个圆形对象上减去一个矩形对象。"路径查找器"效果与"路径查找器"面板的原理相同。使用"路径查找器"效果前，首先需要选中所需要的对象，单击右键选择"编组"命令，如下左图所示。然后选择该组执行"效果>路径查找器"的命令调出子菜单，如下右图所示。

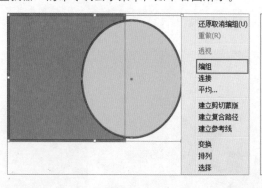

- **相加**：描摹所有对象的轮廓，就像它们是单独的、已合并的对象一样。此选项产生的结果会采用顶层对象的上色属性，如下左图所示。
- **交集**：描摹被所有对象重叠的区域轮廓，如下中图所示。
- **差集**：描摹对象所有未被重叠的区域，并使重叠区域透明。若有偶数个对象重叠，则重叠处会变成透明。而有奇数个对象重叠时，重叠的地方则会填充颜色。将对象选中状态，如下右图所示。

中文版Illustrator CC艺术设计精粹案例教程

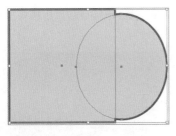 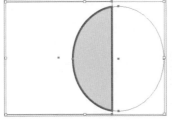 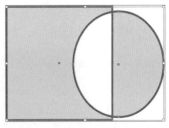

- **相减**：从最后面的对象中减去最前面的对象，如下左图所示。
- **减去后方对象**：从最前面的对象中减去后面的对象，如下中图所示。
- **分割**：将一份图稿分割为作为其构成成分的填充表面，如下右图所示。

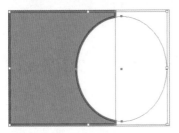 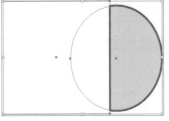 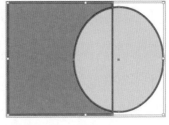

- **修边**：用于删除所有描边，并且不会合并相同颜色的对象，如下左图所示。
- **合并**：删除已填充对象被隐藏的部分。它会删除所有描边并且合并具有相同颜色的相邻或重叠的对象，如下中图所示。
- **裁剪**：将图稿分割为作为其构成成分的填充表面，然后删除图稿中所有落在最上方对象边界之外的部分。这还会删除所有描边，如下右图所示。

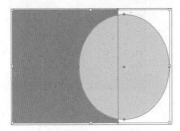 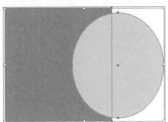 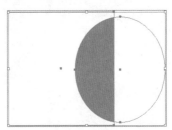

- **轮廓**：将对象分割为其组件线段或边缘。准备需要对叠印对象进行陷印的图稿时，此命令非常实用，如下左图所示。
- **实色混合**：通过选择每个颜色组件的最高值来组合颜色，如下右图所示。

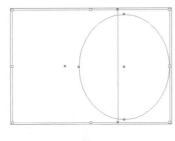 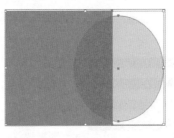

- **透明混合**：使底层颜色透过重叠的图稿可见，将图像划分为其构成部分的表面，如下左图所示。
- **陷印**："陷印"命令通过识别较浅色的图稿并将其陷印到较深色的图稿中，为简单对象创建陷印。可以从"路径查找器"面板中应用"陷印"命令，或者将其作为效果进行应用。使用"陷印"效果的好处是可以随时修改陷印设置。在从单独的印版打印的颜色互相重叠或彼此相连处，印刷套不准会导致最终输出中的各颜色之间出现间隙。为补偿图稿中各颜色之间的潜在间隙，印刷商使

用一种称为陷印的技术，在两个相邻颜色之间创建一个小重叠区域（称为陷印）。可用独立的专用陷印程序自动创建陷印，也可以用Illustrator手动创建陷印，如下右图所示。

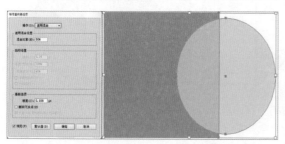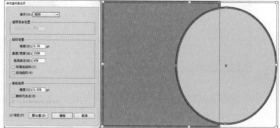

6.7 "转换为形状"效果组

"转换为形状"效果组可以将矢量对象的形状转化为矩形、圆角矩形或者椭圆。

6.7.1 "矩形"效果

首先选中对象，如下左图所示。然后执行"效果>转换为形状>矩形"命令，弹出"形状选项"对话框，如下中图所示。在"形状选项"对话框中勾选"绝对"单选按钮时，可以在"宽度"与"高度"文本框中输入相应的数值用来定义转换的矩形对象绝对的尺寸。勾选"相对"单选按钮时，可以在"额外宽度"与"额外高度"数值框中输入相应的数值用来定义该对象添加或减少的尺寸，效果如下右图所示。

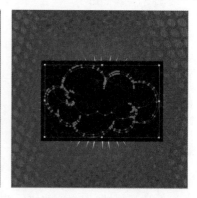

6.7.2 "圆角矩形"效果

首先选中对象，如下左图所示。然后执行"效果>转换为形状>圆角矩形"命令，弹出"形状选项"对话框，如下中图所示。此时在"圆角半径"中输入相应的数值可以定义圆角半径的尺寸，效果如下右图所示。

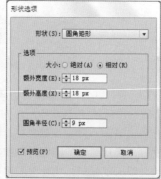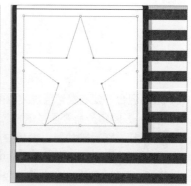

中文版Illustrator CC艺术设计精粹案例教程

6.7.3 "椭圆"效果

首先选中对象，如下左图所示。然后执行"效果>转换为形状>椭圆"命令，弹出"形状选项"对话框，如下中图所示。此时可以在"形状选项"对话框中进行相应的参数设置，效果如下右图所示。

6.8 使用"风格化"效果组

当对图形使用"风格化"效果组中的效果时可以为图形添加"内发光"、"圆角"、"外发光"、"投影"、"涂抹"和"羽化"特效。

6.8.1 "内发光"效果

"内发光"效果通过在对象的内部添加亮调的方式实现内发光效果。首先选中对象，如下左图所示。然后执行"效果>风格化>内发光"命令，弹出"内发光"对话框，如下中图所示。参数可以获得相应的效果，如下右图所示。

- **模式**：在该下拉列表中选中不同选项可以指定发光的混合模式。
- **不透明度**：在该数值框中输入相应的数值可以指定所需发光的不透明度百分比。
- **模糊**：在该数值框中输入相应的数值可以指定要进行模糊处理之处到选区中心或选区边缘的距离。
- **中心**：选择该单选按钮，将应用从选区中心向外发散的发光效果。
- **边缘**：选择该单选按钮，将应用从选区内部边缘向外发散的发光效果。

6.8.2 "圆角"效果

"圆角"效果可将路径上尖角的点转换为平滑的圆角。首先选中对象，如下左图所示。然后执行"效果>风格化>圆角"命令，在弹出的"圆角"对话框中设置"半径"的数值可以定义对尖锐角圆润处理的尺寸，效果如下右图所示。

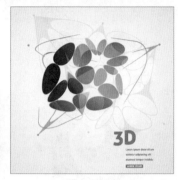

6.8.3　"外发光"效果

"外发光"可以在对象的外侧产生发光的效果。首先选中相应对象，如下左图所示。然后执行"效果>风格化>外发光"命令，弹出"外发光"对话框，如下中图所示。设置参数可以获得相应的效果，如下右图所示。

- **模式**：在该下拉列表中选择不同选项可以指定发光的混合模式。
- **不透明度**：在该数值框中输入相应的数值可以指定所需发光的不透明度百分比。
- **模糊**：在该数值框中输入相应的数值可以指定要进行模糊处理之处到选区中心或选区边缘的距离。

6.8.4　"投影"效果

"投影"效果可以为对象添加投影的效果。首先选中对象，如下左图所示。然后执行"效果>风格化>投影"命令，弹出"投影"对话框，如下中图所示。设置参数可以获得相应的效果，如下右图所示。

- **模式**：设置投影的混合模式。
- **不透明度**：设置投影的不透明度百分比。
- **X位移和Y位移**：设置希望投影偏离对象的距离。

- **模糊**：设置要进行模糊处理之处距离阴影边缘的距离。
- **颜色**：设置阴影的颜色。
- **暗度**：设置希望为投影添加的黑色深度百分比。

6.8.5 "涂抹"效果

"涂抹"效果能够按照图形的边缘形状，添加画笔涂抹的效果。首先选中对象，如下左图所示。然后执行"效果>风格化>涂抹"命令，在弹出的"涂抹选项"对话框中设置参数，如下中图所示。单击"确定"按钮，效果如下右图所示。

- **设置**：使用预设的涂抹效果，从"设置"下拉选项中选择将对图形快速进行涂抹效果。
- **角度**：在该数值框中输入相应角度，用于控制涂抹线条的方向。
- **路径重叠**：在该数值框中输入相应数值，用于控制涂抹线条在路径边界内部距路径边界的量或在路径边界外距路径边界的量。负值将涂抹线条控制在路径边界内部，正值则将涂抹线条延伸至路径边界外部。
- **变化**：在该数值框中输入相应数值，用于控制涂抹线条彼此之间的相对长度差异。
- **描边宽度**：在该数值框中输入相应数值，用于控制涂抹线条的宽度。
- **曲度**：在该数值框中输入相应数值，用于控制涂抹曲线在改变方向之前的曲度。
- **变化**：在该数值框中输入相应数值，用于控制涂抹曲线彼此之间的相对曲度差异大小。
- **间距**：在该数值框中输入相应数值，用于控制涂抹线条之间的折叠间距量。
- **变化**：在该数值框中输入相应数值，用于控制涂抹线条之间的折叠间距差异量。

6.8.6 "羽化"效果

"羽化"效果可以模拟制作对象边缘羽化的不透明度渐隐效果。首先选中对象，如下左图所示。然后执行"效果>风格化>羽化"命令，弹出"羽化"对话框，如下中图所示。设置"羽化半径"的值可以获得相应的效果，如下右图所示。

 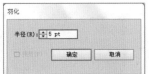 

6.9 使用Photoshop效果

在Aodbe Illustrator中除了"Illustrator效果"还包含了"Photoshop效果"。"Photoshop效果"与Aodbe Photoshop中的效果非常相似。而且"效果画廊"与Photoshop中的"滤镜库"也大致相同。使用"Photoshop效果"可以制作出丰富的纹理和质感效果。

6.9.1 使用"效果画廊"

"效果画廊"是一个集合了大部分常用效果的对话框。在效果画廊中，可以对某对象应用一个或多个效果，还可以使用其他效果替换原有效果。首先选中需要添加效果的对象，然后执行"效果>效果画廊"命令，在弹出的对话框中进行相应设置，如下图所示。

- **效果预览窗口**：用来预览添加效果后的效果。
- **缩放预览窗口**：单击━按钮，可以缩小显示比例；单击╋按钮，可以放大预览窗口的显示比例。另外，还可以在缩放列表中选择预设的缩放比例。
- **显示/隐藏效果缩略图** ▲：单击该按钮，可以隐藏效果缩略图，以增大预览窗口。
- **效果列表**：在该列表中可以选择一个效果。这些效果是按名称汉语拼音的先后顺序排列的。
- **参数设置面板**：选择效果组中的一个效果，可以将该效果应用于图像，同时在参数设置面板中会显示该效果的参数选项。
- **当前使用的效果**：显示当前使用的效果。
- **效果组**：效果库中共包含6组效果，单击效果组前面的▶图标，可以展开该效果组。
- **"新建效果图层"按钮** ▣：单击该按钮，可以新建一个效果图层，在该图层中可以应用一个效果。
- **"删除效果图层"按钮** 🗑：选择一个效果图层以后，单击该按钮可以将其删除。

6.9.2 "像素化"效果组

"像素化"效果组可以通过将图像分成一定的区域，将这些区域转变为相应的色块，再由色块构成图像，能够创造出独特的艺术效果。执行"效果>像素化"命令可以看到这一滤镜组中4个不同风格的滤镜，如下左图所示。如下右图所示为一张图片的原始效果。

- **彩色半调**：可以在图像中添加网版化的效果，模拟在图像的每个通道上使用放大的半调网屏的效果。应用"彩色半调"效果后，图像的每个颜色通道都将转化为网点。网点的大小受到图像亮度的影响，如下左图所示。
- **晶格化**：可以使图像中颜色相近的像素结块形成多边形纯色晶格化效果。如下右图所示。

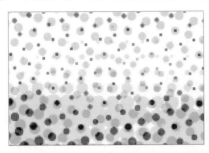 

- **点状化**："点状化"效果可模拟制作对象的点状色彩效果。可以将图像中颜色相近的像素结合在一起，变成一个个的颜色点，并使用背景色作为颜色点之间的画布区域，如下左图所示。
- **铜版雕刻**：可以将图像用点、线条或笔划的样式转换为黑白区域的随机图案或彩色图像中完全饱和颜色的随机图案，如下右图所示。

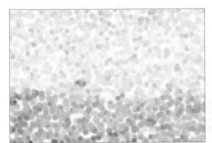 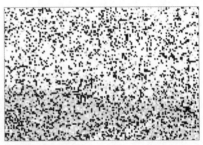

案例项目：使用彩色半调制作运动海报

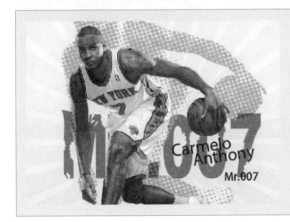

案例文件

使用彩色半调制作运动海报.ai

视频教学

使用彩色半调制作运动海报.flv

01 执行"文件>新建"命令，弹出"新建文档"对话框后设置"大小"为A4，"取向"为竖向，参数设置如右图所示。点击工具箱中的"矩形工具" □，在属性栏中设置"填充"为白色，绘制与画板同样大小的矩形。

 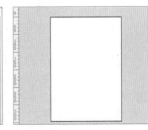

02 在属性栏中设置"填充"为蓝色，接着单击工具箱中的"钢笔工具"按钮，绘制一个三角形，如下左图所示。选择该图形，执行"对象>变换>对称"命令，在弹出"镜像"对话框中设置"轴"为"水平"，参数设置如下中图所示。单击"复制"按钮后将其移到下方，如下右图所示。

03 同时选中两个三角形，使用快捷键Ctrl+G为其编组。保持选中状态，单击右键执行"变换>旋转"命令，弹出"旋转"对话框后设置"角度"为12度，参数设置如下左图所示。单击"复制"按钮，多次使用快捷键Ctrl+D重复上一次操作。放射状的背景制作完成后，将其加选并编组。然后绘制一个与画板等大的矩形，将其与放射状背景加选。执行"对象>剪切蒙版>建立"命令，建立剪切蒙版，此时效果如下右图所示。

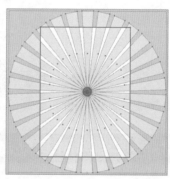

04 打开"渐变"面板，设置"类型"为"线性"，"颜色"为青灰色系的渐变，参数设置如下左图所示。接着绘制与画板同样大小的矩形，然后使用"渐变工具"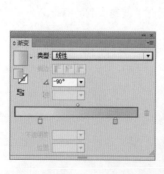调整渐变的形态，效果如下中图所示。选中这个渐变色的矩形，在属性栏中设置其不透明度为26%，效果如下右图所示。

05 单击工具箱中的"文字工具"按钮，选择合适的字体以及字号，输入文字，如下左图所示。使用"选择工具"选中字母，单击右键后选择"创建轮廓"命令。接着单击工具箱中的"钢笔工具"按钮，绘制路径，如下中图所示。加选字母与路径，执行"窗口>路径查找器"命令，在"路径查找器"面板中单击"减去顶层"按钮，效果如下右图所示。

中文版Illustrator CC艺术设计精粹案例教程

 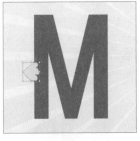 

06 利用上述方法制作其它字母，如下左图所示。再选择合适的字体以及字号，输入字母，如下右图所示。

07 执行"文件>置入"命令，置入素材1.png，单击属性栏中的"嵌入"按钮，完成嵌入，如下左图所示。选中素材1.png，执行"效果>像素化>彩色半调"命令，弹出"彩色半调"对话框后设置"最大半径"为20像素，参数设置如下中图所示。设置完成后，效果如下右图所示。

08 选中素材1.png，在属性栏中设置其"不透明度"为30%，效果如下左图所示。再将素材1.png置入一次，置入完成后，调整彩色半调与人物至合适大小，最终效果如下右图所示。

6.9.3 "扭曲"效果组

　　"扭曲"效果组可以对图像应用亮光扩散的效果，或是通过更改图像纹理和质感的方式转换图像为玻璃或海洋波纹的扭曲效果。执行"效果>扭曲"命令可以看到这一滤镜组中3种不同风格的滤镜，如下左图所示。如下右图所示为一张图片的原始效果。

- **扩散亮光**："扩散亮光"效果可以模拟制作朦胧和柔和的画面效果，如下左图所示。
- **海洋波纹**："海洋波纹"效果通过扭曲图像像素模拟类似海面波纹的效果，如下中图所示。
- **玻璃**："玻璃"效果可以通过模拟玻璃的纹理和质感对图像进行扭曲，如下右图所示。

6.9.4 "模糊"效果组

　　"模糊"效果组可以对图像边缘进行模糊柔化或晃动虚化的处理，包括"径向模糊"、"特殊模糊"、"高斯模糊"三种效果。执行"效果>模糊"命令可以看到这一滤镜组中3种不同风格的滤镜，如下左图所示。如下右图所示为一张图片的原始效果。

- **径向模糊**："径向模糊"是以指定点为中心点创建的旋转或缩放的模糊效果，如下左图所示。
- **特殊模糊**："特殊模糊"可以将图像的细节颜色呈现更加平滑的模糊效果，如下中图所示。
- **高斯模糊**："高斯模糊"效果可以均匀柔和的将画面进行模糊，使画面看起来具有朦胧感，如下右图所示。

6.9.5　"画笔描边"效果组

　　"画笔描边"效果组能够以不同风格的画笔笔触来表现图像的绘画效果。执行"效果>画笔描边"命令可以看到这一滤镜组中8种不同风格的滤镜，如下左图所示。如下右图所示为一张图片的原始效果。

- 喷溅："喷溅"效果可以模拟制作类似喷溅的画面质感。
- 喷色描边："喷色描边"效果与"喷溅"效果类似，可以模拟制作出飞溅色彩的效果。
- 墨水轮廓："墨水轮廓"效果可以模拟钢笔画的风格，用细细的线条在原始细节上绘制图像，以转换图像轮廓描边的质感。
- 强化的边缘："强化的边缘"效果可以制作表现图像的发光效果。

- 成角的线条："成角的线条"效果可以制作出图像平滑的绘制效果。
- 深色线条："深色线条"效果可以模拟制作出深色的线条画面效果。
- 烟灰墨："烟灰墨"效果是可以模拟制作类似烟墨浸染的效果。
- 阴影线："阴影线"效果是通过创建网状质感来表现图像的绘画效果。

6.9.6 "素描"效果组

　　"素描"效果组中多数效果是使用黑白颜色来重绘图像。执行"效果>素描"命令可以看到这一滤镜组中14种不同风格的滤镜，如下左图所示。如下右图所示为一张图片的原始效果。

- **便条纸**："便条纸"效果可以将彩色的图像模拟出灰白色的浮雕纸条效果，如下左图所示。
- **半调图案**："半调图案"效果可以将创建图像为黑白网点、圆形或直线的组合，如下中图所示。
- **图章**："图章"效果可以模拟黑白的盖印效果，如下右图所示。

- **基底凸现**："基底凸现"效果可以模拟浮雕的雕刻状和突出光照下变化各异的表面，如下左图所示。
- **影印**："影印"效果可以模拟制作黑白灰色的影印效果，如下中图所示。
- **撕边**："撕边"效果可以模拟制作类似纸张撕裂的效果，如下右图所示。

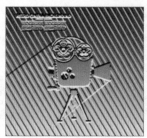  

- **水彩画纸**："水彩画纸"效果可以制作水彩画的效果，如下左图所示。
- **炭笔**："炭笔"效果模拟制作黑色的炭笔绘画的纹理效果，如下中图所示。
- **炭精笔**："炭精笔"效果可以在图像上模拟出浓黑和纯白的炭精笔纹理，使图像呈现出炭精笔绘制的质感，如下右图所示。

- **石膏效果**："石膏效果"可以模拟制作出类似石膏的质感效果，如下左图所示。
- **粉笔和炭笔**："粉笔和炭笔"效果可以制作粉笔和炭笔相结合的质感效果，如下中图所示。
- **绘图笔**："绘图笔"效果可以模拟制作绘图笔绘制的草图效果，如下右图所示。

- **网状**："网状"效果可以使图像在阴影区域呈现为块状，在高光区域呈现为颗粒，如下左图所示。
- **铬黄**："铬黄"效果可以模拟制作发亮金光液体的金属质感，如下右图所示。

6.9.7 "纹理"效果组

"纹理"效果组可以用于模拟创建多种材质效果，通过载入自定义纹理的方式创建更多纹理效果。执行"效果>纹理"命令可以看到这一滤镜组中6种不同风格的滤镜。如下左图所示。 如下右图所示为一张图片的原始效果。

拼缀图…
染色玻璃…
纹理化…
颗粒…
马赛克拼贴…
龟裂缝…

- **拼缀图**："拼缀图"效果可以模拟制作出彩色块状拼接图的效果，如下左图所示。
- **染色玻璃**："染色玻璃"效果可以将图像调整为彩色的玻璃彩块效果，如下中图所示。
- **纹理化**："纹理化"效果可以让图像产生不同类型的纹理效果，如下右图所示。

 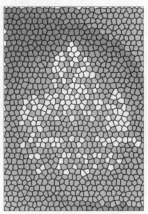 

- **颗粒**："颗粒"效果可以为图像添加杂点颗粒效果，图像质感更加粗糙，如下左图所示。
- **马赛克拼贴**："马赛克拼贴"效果可以模拟制作出用马赛克碎片拼贴起来的效果，如下中图所示。
- **龟裂缝**："龟裂缝"效果可以模拟制作出网状龟裂的纹理效果，如下右图所示。

6.9.8 "艺术效果"效果组

"艺术效果"效果组是基于栅格的。用于处理图像不同艺术风格的艺术纹理和绘画效果。执行"效果>艺术效果"命令可以看到这一滤镜组中15种不同风格的滤镜，如下左图所示。如下右图所示为一张图片的原始效果。

- **塑料包装**："塑料包装"效果可以模拟塑料的反光和凸起质感，如下左图所示。
- **壁画**："壁画"效果可以模拟壁画的质感效果，如下中图所示。
- **干画笔**："干画笔"效果可以模拟出干燥的画笔来绘制图像边缘的效果，如下右图所示。

- **底纹效果**："底纹效果"效果可以模拟制作水浸底纹的效果，如下左图所示。
- **彩色铅笔**："彩色铅笔"效果可以模拟制作彩色的铅笔效果，如下中图所示。
- **木刻**："木刻"效果可将画面处理为木制雕刻的质感，如下右图所示。

- **水彩**："水彩"效果可以模拟水彩画的效果，如下左图所示。
- **海报边缘**："海报边缘"效果可以将图像海报化，并在图像的边缘添加黑色的描边以改变图像质感，如下中图所示。
- **海绵**："海绵"效果可以模拟制作海绵浸水的效果，如下右图所示。

- **涂抹棒**："涂抹棒"效果可以使画面呈现模糊和浸染的效果，如下左图所示。
- **粗糙蜡笔**："粗糙蜡笔"效果可以模拟蜡笔的粗糙质感，如下中图所示。
- **绘画涂抹**："绘画涂抹"效果可以模拟油画的细腻涂抹质感，如下右图所示。

- 胶片颗粒："胶片颗粒"效果可以为图像添加胶片颗粒状的杂色，如下左图所示。
- 调色刀："调色刀"效果可以模拟调色刀进行的效果，以增强图像的绘画质感，如下中图所示。
- 霓虹灯光："霓虹灯光"效果可以模拟制作类似霓虹灯发光的效果，如下右图所示。

6.9.9 "视频"效果组

"视频"效果组用于编辑调整视频生成的图像或删除不必要的视频，或转换其颜色模式。"视频"效果组包含两种效果："NTSC颜色"效果、"逐行"效果。"NTSC颜色"效果是TV显示器规则中的一个标准，主要包括NTSC和PAL两种方式，主要差别在于视频。"逐行"效果用于编辑或删除捕捉于显示器、视频画面等生成的行频。

6.9.10 "风格化"效果

"风格化"效果组中只包含一种效果，该效果是用于增强图像边缘的亮度。"照亮边缘"效果可以查找图像中色调对比明显的区域，并将该区域的颜色转换为与之相对应的补色，再将其他区域转换为黑色，从而增强这些边缘的亮度。首先选中对象，如下左图所示。然后执行"效果>风格化>照亮边缘"命令，效果如下右图所示。

 知识延伸：矢量图转换为位图

在Illustrator中既可以通过"图像描摹"功能将位图转换成矢量图，也可以通过"栅格化"功能将矢量图转换为位图，具体操作如下。

首先选中矢量对象，如下左图所示。然后执行"对象>栅格化"命令，此时会弹出"栅格化"对话框，如下中图所示。在"栅格化"对话框中设置合适的选项后，单击"确定"按钮，矢量图就被转换成位图了，如下右图所示。

中文版Illustrator CC艺术设计精粹案例教程

- **颜色模型**：用于确定在栅格化过程中所用的颜色模型。
- **分辨率**：用于确定栅格化图像中的每英寸像素数。
- **背景**：用于确定矢量图形的透明区域如何转换为像素。"白色"可用白色像素填充透明区域，"透明"可使背景透明。
- **消除锯齿**：应用消除锯齿效果，以改善栅格化图像的锯齿边缘外观。
- **创建剪贴蒙版**：创建一个使栅格化图像的背景显示为透明的蒙版。如果您已为"背景"选择了"透明"，则不需要再创建剪切蒙版。
- **添加环绕对象**：可以通过指定像素值，为栅格化图像添加边缘填充或边框。结果图像的尺寸等于原始尺寸加上"添加环绕对象"所设置的数值。

 上机实训：使用多种效果制作网页促销广告

案例文件

使用多种效果制作网页促销广告.ai

视频教学

使用多种效果制作网页促销广告.flv

步骤01 执行"文件>新建"命令，在弹出"新建文档"对话框中设置"宽度"为328mm，"高度"为210mm，"取向"为横向，参数设置如下图所示。单击工具箱中的"矩形工具"按钮，在属性栏中设置"填充"为蓝色，绘制与画板同样大小的矩形，如右图所示。

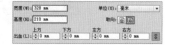

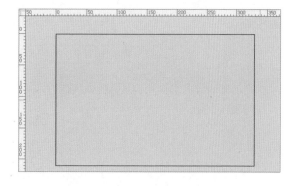

步骤 02 设置"填充"为浅蓝色,单击工具箱中的"钢笔工具"按钮 🖊,在画面中绘制多个不规则的四边形,作为背景的装饰,如下图所示。

步骤 03 接着使用"矩形工具",在底部绘制一个黄色的矩形,如下图所示。

步骤 04 执行"文件 > 置入"命令,置入素材1. png,单击"嵌入"按钮 ▢ 嵌入 ▢,完成嵌入操作。接着按住Shift键拖曳素材的控制点,将其等比例缩放,如下图所示。

步骤 06 继续塑造云彩。单击工具箱中的"变形工具"按钮 🖊,接着双击"变形工具",弹出"变形工具选项"对话框后设置"宽度"为10mm,"高度"为10mm。然后鼠标在椭圆上拖拉,塑造云彩的形状,效果如右图所示。

步骤 07 利用上述方法制作画面中的其他云彩,如右图所示。

步骤 05 为画面绘制云彩。设置"填充"为白色,单击工具箱中的"椭圆工具"按钮 ⬭,在要绘制云彩的地方单击,弹出"椭圆"对话框后设置"宽度"为40mm,"高度"为26mm,参数设置如下左图所示。选中云彩,在属性栏中设置其"不透明度"为60%,效果如下右图所示。

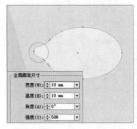 

步骤 08 接下来为画面添加文字。单击工具箱中的"文字工具"按钮 T，选择合适的字体以及字号，输入文字。选中文字，执行"效果>风格化>外发光"命令，弹出"外发光"对话框后设置"模式"为正常，"不透明度"为75%，"模糊"为1.76mm，效果如右图所示。

步骤 09 接下来绘制其它文字。首先在属性栏中设置"填充"为白色，"描边"为白色，"描边"粗细为6pt。然后单击工具箱中的"钢笔工具"按钮，绘制路径。绘制完成后设置"填充"为黄色，"描边"为无，绘制路径，如右图所示。

步骤 10 选中数字5，执行"效果>风格化>涂抹"命令，弹出"涂抹选项"对话框后设置"角度"为30度，"变化"为5px"描边宽度"为3px，"曲度"为5%，"变化"为1%，"间距"为5.67px，"变化"为0.5px，效果如右图所示。

步骤 11 接着使用上述方法制作其他部分的文字。如右图所示。

步骤 12 在属性栏中设置"填充"为黄色，单击工具箱中的"钢笔工具"按钮，按照文字轮廓绘制路径，如下图所示。

步骤 13 绘制完成后多次使用快捷键Ctrl+[将其下移到文字的后方，如下图所示。

步骤 14 使用相同方法绘橘黄色的描边，效果如下图所示。

步骤 15 接着在属性栏中设置"填充"为无，"描边"为橘黄色，"描边粗细"为33pt，再使用"钢笔工具"绘制一个弧形的路径，如下图所示。

步骤 16 使用相同方法绘制另一条路径，并设置其描边颜色为黄色，如下图所示。

步骤 17 接下来为画面添加装饰。首先设置"填充"为白色，点击工具箱中的"椭圆工具"按钮，在相应位置绘制一个白色的正圆，如下图所示。

步骤 18 接着选中正圆形，按住Alt键拖曳将其复制，设置"填充"颜色并将其排列，如右图所示。

步骤 19 继续为画面添加装饰。首先单击工具箱中的"星形工具"按钮，在属性栏中设置"填充"为红色，"描边"为白色，"描边粗细"为2pt，在相应位置进行绘制。接着使用"钢笔工具"绘制其它部分的装饰，如右图所示。

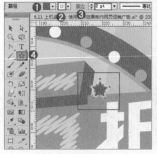

中文版Illustrator CC艺术设计精粹案例教程

步骤 20 利用上述方法绘制画面中其它位置的装饰，如下图所示。

步骤 21 最后置入素材2.ai并调整其大小，如下图所示。

课后练习

1. 选择题

(1) 使用以下哪种"效果"可以制作出画笔涂抹的效果？ _____

    A. "羽化"效果   B. "投影"效果

    C. "涂抹"效果   D. "外发光"效果

(2) "投影"效果在哪个效果组下？ _____

    A. "路径"效果组   B. "转换为形状"效果组

    C. "像素化"效果组   D. "风格化"效果组

(3) 以下哪种模糊效果不是"模糊"效果组中的命令？ _____

    A. 动感模糊   B. 径向模糊

    C. 特殊模糊   D. 高斯模糊

2. 填空题

(1) 若要修改或删除效果需要在_____面板中进行编辑。

(2) 在使用"路径查找器"效果时要把进行编辑的对象先_____，才能继续进行操作。

(3) _____用于对路径边缘进行波纹化的扭曲，应用该效果时将在路径内侧和外侧分别生成波纹或锯齿状线段锚点。

3. 上机题

    本案例制作的商业名片设计，该名片为简约风格的名片设计。在制作中主要使用到了文字工具、矩形工具、剪切蒙版蒙版、投影样式等技术。如下图所示为案例效果。

Chapter ⑦07 外观与样式

本章概述

外观属性是一组在不改变对象基础结构的前提下，影响对象显示效果的属性。外观属性包括填色、描边、透明度和多种效果。在本章中讲解使用"透明度"面板对图形的透明度、混合模式等外观属性的更改，以及使用"外观"面板更改图形的外观属性等知识。

核心知识点

① 掌握"透明度"面板的使用方法
② 掌握"外观"面板的使用方法
③ 掌握"图形样式"面板的使用方法

7.1 "透明度"面板

　　"透明度"面板不仅可以设置对象透明度，还包含混合模式、不透明度蒙版这两大功能。执行"窗口>透明度"命令，打开"透明度"面板，如下图所示。

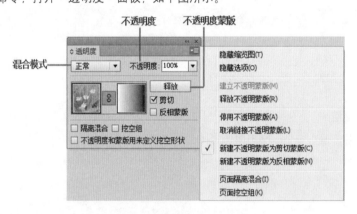

- **混合模式**：设置所选对象与下层对象的颜色混合模式。
- **不透明度**：通过设置不透明度数值，控制对象的透明效果，数值越大对象越不透明；数值越小，对象越透明。
- **不透明度蒙版**：显示所选对象的不透明度蒙版效果。
- **剪切**：该复选框用于将对象建立为当前对象的剪切蒙版。
- **反相蒙版**：该复选框用于将当前对象的蒙版颜色反相。
- **隔离混合**：勾选该复选框可以防止混合模式的应用范围超出组的底部。
- **挖空组**：勾选该复选框后，在透明挖空组中，元素不能透过彼此而显示。
- **不透明度和蒙版用来定义挖空形状**：该复选框可以创建与对象不透明度成比例的挖空效果。在接近100%不透明度的蒙版区域中，挖空效果较强；在具有较低不透明度的区域中，挖空效果较弱。

> **提示** 在属性栏中也可以打开"透明度"面板，单击属性栏中的 不透明 按钮，显示的面板就是"透明度"面板，如右图所示。

中文版Illustrator CC艺术设计精粹案例教程

7.1.1 "混合模式"设置

"混合模式"是当前对象与底部图像的内容以一种特定的方式进行混合，从而产生不同的画面效果。

选择一个对象，如下左图所示。执行"窗口>透明度"命令，打开"透明度"面板，在该面板中单击"混合模式"下三角按钮，在下拉列表中可以看到16种混合模式，如下中图所示。在下拉菜单中选择相应的混合模式，所选对象即可应用所选的混合效果，选择"颜色减淡"混合模式的效果如下右图所示。

- **正常**：默认情况下图形的混合模式为正常，也就是选择的图形与下方的对象不产生混合效果，效果如下左图所示。
- **变暗**：选择基色或混合色中较暗的一个颜色作为结果色。比混合色亮的区域会被结果色所取代；比混合色暗的区域将保持不变，效果如下中图所示。
- **正片叠底**：将基色与混合色相乘，得到的颜色总是比基色和混合色都要暗一些。将任何颜色与黑色相乘都会产生黑色；将任何颜色与白色相乘则颜色保持不变，效果如下右图所示。

- **颜色加深**：加深基色以反映混合色，与白色混合后不产生变化，应用该混合模式的效果如下左图所示。
- **变亮**：选择基色或混合色中较亮的一个颜色作为结果色。比混合色暗的区域将被结果色所取代；比混合色亮的区域将保持不变，效果如下中图所示。
- **滤色**：将混合色的反相颜色与基色相乘，得到的颜色总是比基色和混合色都要亮一些。用黑色滤色时颜色保持不变；用白色滤色将产生白色，效果如下右图所示。

- **颜色减淡**：加亮基色以反映混合色，与黑色混合则不发生变化，应用该混合模式的效果如下左图所示。
- **叠加**：将对颜色进行相乘或滤色，具体取决于基色。图案或颜色叠加在现有的图稿上，在与混合色混合以反映原始颜色的亮度和暗度的同时，保留基色的高光和阴影，效果如下中图所示。
- **柔光**：将使颜色变暗或变亮，具体取决于混合色。此效果类似于漫射聚光灯照在图稿上，效果如下右图所示。

- **强光**：对颜色进行相乘或过滤，具体取决于混合色。此效果类似于耀眼的聚光灯照在图稿上，用纯黑色或纯白色上色会产生纯黑色或纯白色，效果如下左图所示。
- **差值**：从基色减去混合色或从混合色减去基色，具体取决于哪一种的亮度值较大。与白色混合将反转基色值，与黑色混合则不发生变化，效果如下中图所示。
- **排除**：创建一种与"差值"模式相似但对比度更低的效果。与白色混合将反转基色分量，与黑色混合则不发生变化，效果如下右图所示。

- **色相**：用基色的亮度、饱和度和混合色的色相创建结果色，效果如下图所示。
- **饱和度**：用基色的亮度和色相与混合色的饱和度创建结果色。在无饱和度（灰度）的区域上用此模式着色不会产生变化，效果如下图所示。
- **混色**：用基色的亮度、混合色的色相和饱和度创建结果色。这样可以保留图稿中的灰阶，对于给单色图稿上色和给彩色图稿染色都会非常有用，效果如下图所示。
- **明度**：用基色的色相和饱和度与混合色的亮度创建结果色。此模式创建与"颜色"模式相反的效果，效果如下图所示。

7.1.2 "不透明度"设置

"不透明度"是指对象半透明的程度，数值越大越不透明，数值越小越透明。

选择对象，打开"透明度"面板，可以看到该图形的"不透明度"为100%，如下左图所示。接着在"不透明度"数值框中输入不透明值，数值越低图形就越透明，"不透明度"为30%的效果如下右图所示。

7.1.3 "不透明度蒙版"的应用

"不透明度蒙版"是利用颜色的黑白关系来更改图稿的透明度。这种隐藏而非删除的编辑方式是一种非常方便的非破坏性编辑方式。在"不透明度蒙版"中，黑色表示该区域透明，白色表示该区域不透明，不同程度的灰色代表半透明。

01 选择一个对象，如下左图所示。使用"矩形工具"▭绘制一个与图片等大的矩形，然后设置其填充为黑白色系的渐变，如下右图所示。

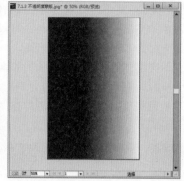

02 将人物与矩形选中，执行"窗口>透明度"命令，打开"透明度"面板，然后单击"制作蒙版"按钮，如下左图所示。此时，画面效果如下右图所示。

03 若要编辑不透明度蒙版中的内容，可以单击"透明度"面板中的被蒙版的缩览图，即可选中被蒙版的内容，然后进行更改，如下左图所示。如果要调整不透明度蒙版的效果，单击选中右侧的蒙版缩览图，然后在"渐变"面板中编辑渐变颜色，随着渐变颜色的改变，蒙版的效果也发生了改变，效果如下右图所示。

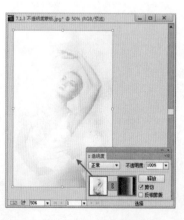

- **剪切**：默认情况下，"剪切"复选框是被勾选的，此时蒙版为全部不显示，通过编辑蒙版可以将图形显示出来。如果不勾选"剪切"复选框，图形将完全被显示，绘制蒙版将把相应的区域隐藏。
- **反向蒙版**：勾选"反向蒙版"复选框时，将对当前的蒙版进行翻转，使原始显示的部分隐藏，隐藏的部分显示出来，这会反相被蒙版图像的不透明度。"剪切"复选框会将蒙版背景设置为黑色，因此勾选"剪切"复选框时，用来创建不透明蒙版的黑色对象将不可见。若要使对象可见，可以使用其他颜色，或取消勾选"剪切"复选框。

中文版Illustrator CC艺术设计精粹案例教程

184

04 默认情况下，蒙版和图形始终保持链接的状态，也就是说原始对象若进行移动、缩放或旋转操作时，蒙版也会保持同步。单击"链接"按钮 🔗 即可取消链接，该按钮变为 🔗 状，此时移动蒙版中的内容，蒙版则不会移动。若要重新链接蒙版，单击"透明度"面板中链接符号 🔗 即可，如下左图所示。

05 若要暂时隐藏蒙版效果，可以选择停用蒙版效果，在"透明度"面板菜单中选择"停用不透明蒙版"选项即可。若要重现启用不透明蒙版，在"透明度"面板菜单中选择"启用不透明蒙版"命令即可。

06 若要永久删除不透明蒙版，可以在"透明度"面板菜单中选择"释放不透明蒙版"命令或者单击"透明度"面板中的 释放 按钮，蒙版将被删除，但是相应的效果依然保持，如下右图所示。

案例项目：应用"透明度"面板制作展览宣传海报

案例文件

使用透明度制作展览宣传海报.ai

视频教学

使用透明度制作展览宣传海报.flv

01 执行"文件>新建"命令，打开"新建文档"对话框，在对话框中设置"宽度"为210mm，"高度"为297mm，"取向"为"纵向"，如下左图所示。接下来制作一个米白色系渐变矩形作为背景，单击工具箱中的"矩形工具"按钮 ▢ ，设置填充颜色后，单击工具箱底部的"渐变"按钮，在弹出的"渐变"面板中设置"类型"为"径向"，渐变颜色为米白色系的渐变。设置完成后，按住鼠标左键，在画面中拖曳绘制一个与画板等大的矩形，矩形上出现了之前设置好的渐变效果，如下右图所示。

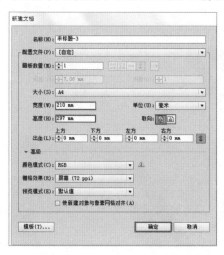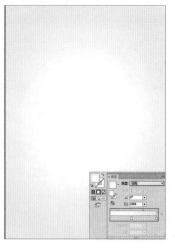

02 接着添加多彩的条形装饰效果，单击工具箱的"钢笔工具"按钮，然后单击工具箱底部的"渐变"按钮，在弹出的"渐变"面板中设置"类型"为"线性"，渐变颜色为蓝色系的渐变。设置完成后，绘制出图形，如下左图所示。继续绘制多个图形并添加不同的渐变效果，使用快捷键Ctrl+G为绘制的图形进行编组操作，编组完成后将图形放在相应的位置，如下右图所示。

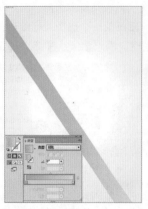
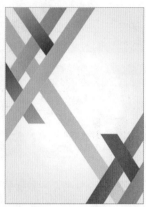

03 接着制作图形的阴影效果。单击工具箱中的"选择工具"按钮，将编组的彩条对象选中，使用快捷键Ctrl+C，进行复制操作，使用快捷键Ctrl+V进行粘贴操作，将粘贴后的彩条对象移到合适位置，如下左图所示。选择位于下方的彩条图形，将其填充为咖啡色，如下右图所示。

04 接下来制作阴影的半透明效果。选择下方的彩条图形，执行"窗口>透明度"命令，在"透明度"面板中设置"不透明度"为"30%"，如下左图所示。效果如下中图所示。接着在背景上添加文字，单击工具箱中的"文字工具"按钮，在属性栏中设置合适的字体、字号，然后在画面相应的位置单击并键入蓝色文字，效果如下右图所示。

7.2 设置对象的外观属性

对象的外观属性不仅包括填色、描边、透明度基本属性，如果为对象添加了效果，那么这些效果属性也将显示在"外观"面板中。使用"外观"面板不仅可以查看所选图形的属性，还可以利用该面板更改其属性。

7.2.1 认识"外观"面板

执行"窗口>外观"命令或使用快捷键Shift+F6，打开"外观"面板，在该面板中可以显示所选对象的外观属性，也可以编辑和调整对象的外观效果，如下图所示。

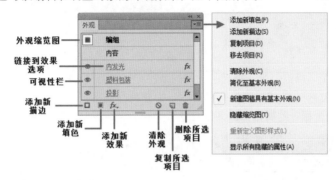

7.2.2 修改对象外观属性

通过对"外观"面板的了解，我们知道在"外观"面板中可以快捷地修改对象的很多属性，例如填色、描边、不透明度等。

01 选择画面中的矢量对象，如下左图所示。执行"窗口>外观"命令，打开"外观"面板，在"外观"面板中可以看到所选文字的属性，如下右图所示。

02 单击"填色"属性下三角按钮，在弹出的面板中重新选择填充颜色，如下左图所示。此时可以看到所选对象的"填色"属性发生了变化，如下右图所示。

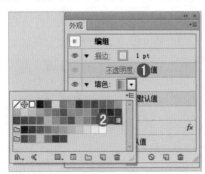

03 在"外观"面板里面可以添加多个描边或填充属性。下面以添加"描边"为例进行讲解，单击面板下方的"添加新描边"按钮☑，可以随机新建一个描边，然后为其设置相应的描边颜色和描边宽度，如下左图所示。此时文字的效果如下右图所示。

04 在"外观"面板中调整"描边"或"填充"的排列顺序，可以调整对象的效果。选择需要调整顺序的效果选项，按住鼠标左键拖曳到需要调整的位置后，松开鼠标即可调整其排列顺序，如下左图所示。调整完成后，效果也会发生相应的变化，如下右图所示。

05 在"外观"面板中，可以为图形添加所需的效果。单击"添加新效果"下三角按钮☑，在下拉菜单中选中需要的效果进行添加。若要更改已经添加的效果，单击其名称，即可弹出相应的参数对话框，进行相应的参数更改。若不需要某个效果属性，选中该属性后，将其拖着到"删除"☑按钮处，松开鼠标即可将其删除。

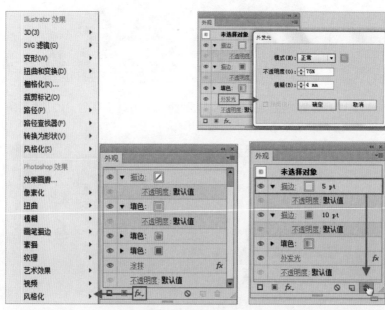

7.2.3 管理对象外观属性

在"外观"面板中选择要进行复制的外观属性，单击"外观"面板右下方的"复制所选项目"按钮，此时所选外观属性被复制。也可以选择要进行复制的外观属性，在面板菜单中执行"复制项目"命令，也可以复制所选外观属性，如下图所示。

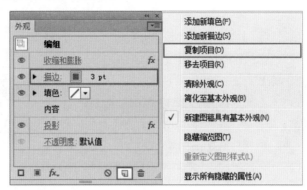

单击"外观"面板右下方的"清除外观"按钮，或在面板菜单中执行"清除外观"命令，即可清除全部外观属性。如下图所示。

与隐藏图层的操作一样，也可以对外观属性进行隐藏。只需要在"外观"面板中单击"可视性"按钮，即可进行隐藏。若要将所有隐藏的项目重新显示出来，可以在面板菜单中执行"显示所有隐藏的属性"命令，如下图所示。

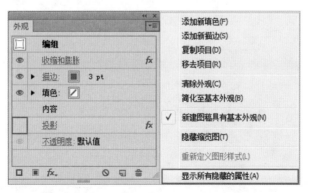

7.3 "图形样式"面板

"图形样式"面板中提供了存放特效组合的库面板，使用所需的效果选项时，单击即可将图形样式库中的效果应用于所选的对象。

7.3.1 使用图形样式

选择所要应用图形样式的图形，如下左图所示。执行"窗口>图形样式"命令，打开"图形样式"面板。在该面板中显示了少量的图形样式，如下中图所示。单击某个样式选项，即可为该图形赋予所选的图形样式，效果如下右图所示。

实际上，在Illustrator中还有很多预设的样式，单击"图形样式"面板左下角的"图形样式库菜单" 下三角按钮，即可看到不同的效果样式库。执行"窗口>图形样式库"命令，也可以打开样式库列表。若要打开某个图形样式面板，执行相应命令即可，右图为"文字效果"样式面板。

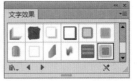

提示 当为对象赋予图形样式后，该对象和图形样式之间就建立了"链接"关系，当对该对象外观进行设置时，同时会影响到相应的样式。单击"图形样式"面板中的"断开图形样式链接" 按钮，即可断开链接。若要删除"图形样式"面板中的样式，可以选中图形样式，按住鼠标左键将其拖至"删除"按钮 处，即可删除该样式。

7.3.2 创建图形样式

在Illustrator中可以根据自己的实际需要创建图形样式，选中带有样式的图形，执行"窗口>图形样式"命令，打开"图形样式"面板，单击"新建图形样式"按钮 ，即可创建新样式。

定义完图形样式后，若关闭该文档，定义的图形样式就会消失。如果要将图形样式永久保存，可以将相应的样式保存为样式库，以后随时调用该样式库，即可找到相应的样式。选择需要保存的图形样式，单击菜单按钮 ，执行"存储图形样式库"命令，在弹出的对话框中设置合适的文件名称，单击

"确定"按钮，如下左图所示。若要查找存储的图形样式，可以单击"图层样式库菜单"下三角按钮，执行"用户定义"命令，即可看到存储的图形样式，如下右图所示。

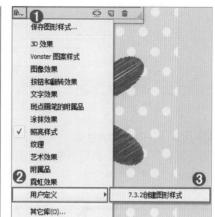

7.3.3 合并图形样式

按住Ctrl键的同时单击选择要合并的所有图形样式，然后在面板菜单中执行"合并图形样式"命令，如下左图所示。此时弹出"图形样式选项"对话框，键入样式名称后单击"确定"按钮，即可完成图形样式创建，如下中图所示。新建的图形样式将包含所选图形样式的全部属性，并被添加到面板中图形样式列表的最后，如下右图所示。

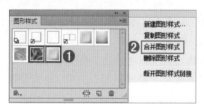

案例项目：使用图形样式制作艺术字

案例文件

使用图形样式制作艺术字.ai

视频教学

使用图形样式制作艺术字.flv

01 执行"文件>新建"命令，弹出"新建文档"对话框后，设置"大小"为A4，"取向"为横向，参数设置如下左图所示。执行"文件>置入"命令，置入素材"1.ai"，单击"嵌入"按钮，完成嵌入操作，如下右图所示。

02 接下来在属性栏中设置"填充"为无，单击工具箱中的"钢笔工具" 按钮，绘制路径，如下左图所示。接着选中路径，执行"窗口>图形样式库>涂抹效果"命令，在弹出"涂抹效果"面板中单击 样式，效果如下右图所示。

03 接着同时选中素材与路径，使用快捷键Ctrl+C将其复制，再使用快捷键Ctrl+V将其粘贴到一旁。选中素材与路径并执行"窗口>路径查找器"命令，弹出"路径查找器"面板后，单击"联集"按钮 ，此时所选的多个对象合并为一个独立对象，如下左图所示。接着执行"对象>路径>偏移路径"命令，弹出"偏移路径"对话框后，设置"位移"为5mm，"连接"为"斜接"，"斜接限制"为4，参数设置和效果如下右图所示。

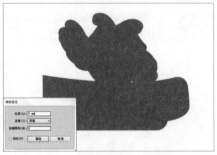

04 选择该图形，在"涂抹效果"面板中单击 按钮，为其添加图形样式，效果如下左图所示。将复制出来的素材与路径移至合适位置，如下右图所示。

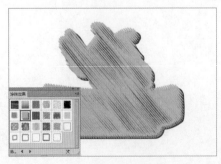

05 最后为画面添加文字。单击工具箱中的"文字工具"按钮，设置合适的字体、字号后，在画面中单击并键入文字，如下左图所示。再利用上述方法为文字添加图形样式，最终效果如下右图所示。

 知识延伸：调整样式库显示方式

在默认情况下，"图形样式"面板中的图形样式都会以缩览图的形式出现在面板中。单击菜单按钮，执行"使用方格预览"或"使用文本进行预览"命令，可以定义不同的预览方式。如果要调整面板中的不同预览方式，可以在面板菜单中选择"缩览图视图"、"小列表视图"和"大列表视图"等命令，进行相应的视图效果调整，下左图所示为"使用文本进行预览"效果，右图所示为"小列表视图"效果。

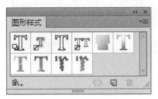 

 上机实训：游戏登录界面设计

案例文件

游戏登录界面设计.ai

视频教学

游戏登录界面设计.flv

步骤 01 执行"文件>新建"命令，弹出"新建文档"对话框后设置"大小"为A4，"取向"为"横向"，参数设置如下图所示。

步骤 02 单击工具箱中的"矩形工具"按钮，然后在属性栏中设置"填充"为浅蓝色，绘制与画板同样大小的矩形，如下图所示。为方便以后操作，我们选中矩形并使用快捷键Ctrl+2，将其锁定。

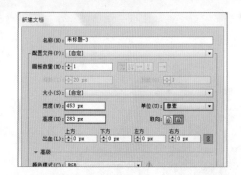

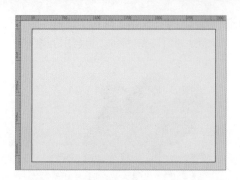

步骤 03 执行"窗口>渐变"命令，显示出"渐变"面板。设置"类型"为"线性"，"描边"为蓝色，编辑渐变的"填色"为蓝色系渐变，参数设置如下图所示。

步骤 04 接着单击工具箱中的"圆角矩形工具" ▣ 按钮，在要绘制圆角矩形的位置单击，弹出"圆角矩形"对话框后设置"宽度"为178mm，"高度"为128mm，"圆角半径"为4.5mm，参数设置如下图所示。再单击工具箱中的"渐变工具" ▣ 按钮，在圆角矩形中按住鼠标左键，调整渐变位置。

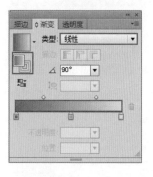

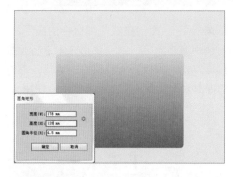

步骤 05 单击工具箱中的"椭圆工具" ◯ 按钮，按住Shift键在圆角矩形的上方绘制两个正圆形，如下图所示。

步骤 06 接着同时选中正圆形与圆角矩形后，执行"窗口>路径查找器"命令，弹出"路径查找器"面板后，单击"联集"按钮 ▣，效果如下图所示。

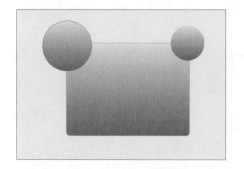

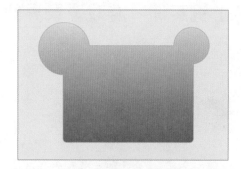

步骤 07 单击工具箱中的"钢笔工具"按钮，绘制一个梯形形状，如右图所示。

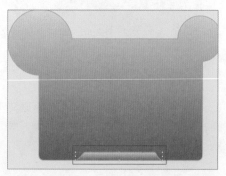

步骤 08 绘制完成后选中路径与图形，单击"路径查找器"面板中的"减去顶层"按钮，效果如下图所示。

步骤 09 利用相同的方法制作其他细节部分，效果如下图所示。

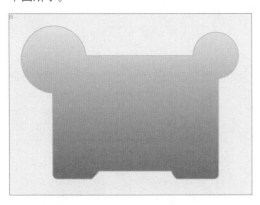

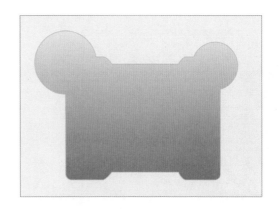

步骤 10 接着选中制作好的图形，执行"效果>风格化>投影"命令，弹出"投影"对话框后设置"模式"为"正片叠底"，"不透明度"为60%，"X位移"为3mm，"Y位移"为4mm，"模糊"为1.76mm，"颜色"为黑色，如下图所示。

步骤 11 接着为画面添加装饰效果，单击工具箱中的"矩形工具"按钮，在属性栏中设置"填充"为浅蓝色，然后在相应位置绘制一个矩形，如下左图所示。选中该矩形，在属性栏中将其"不透明度"设置为20%，效果如下右图所示。

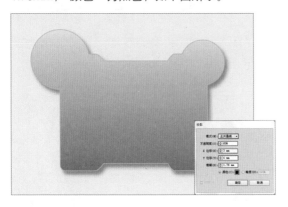

步骤 12 接着选中矩形，按住Alt键拖曳，将其复制。通过改变矩形的不透明度为画面添加不同的效果，如下图所示。

步骤 13 执行"窗口>渐变"命令，显示出"渐变"面板。设置"类型"为"线性"，"描边"为黑色，"颜色"为蓝色系渐变，参数设置如下图所示。接着使用"矩形工具"在顶部绘制一个细长的矩形，如下图所示。

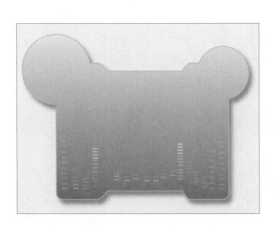

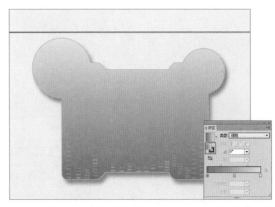

步骤 14 在选中矩形的同时按住Alt键进行拖曳复制，再多次使用快捷键Ctrl+D，重复上一次操作。操作完成后调整矩形大小，效果如下图所示。

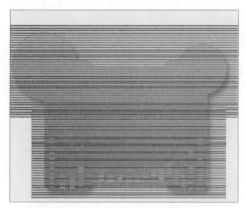

步骤 16 然后选中底部的图形，使用快捷键Ctrl+C将其复制，再使用快捷键Ctrl+F将其粘贴到最前面，如下图所示。

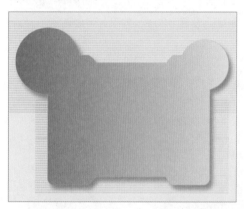

步骤 18 单击工具箱中的"圆角矩形工具" ◻ 按钮，在属性栏中设置"填充"为深蓝色，在要绘制圆形矩形的位置单击，弹出"圆角矩形"对话框后，设置"宽度"为54.5mm，"高度"为22.5mm，"圆角半径"为4.5mm。参数设置和效果如下图所示。

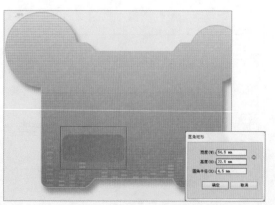

步骤 15 接着选中这些矩形线条，使用快捷键Ctrl+G，将其进行编组。然后设置其"不透明度"为20%，效果如下图所示。

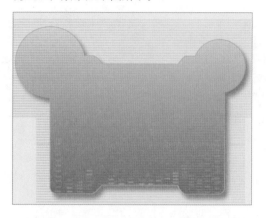

步骤 17 选中矩形组与复制出来的图形，执行"对象>剪切蒙版>建立"命令，效果如下图所示。

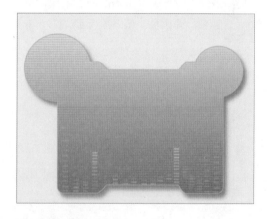

步骤 19 接着在蓝色的圆角矩形上方绘制一个灰色的圆角矩形，如下图所示。

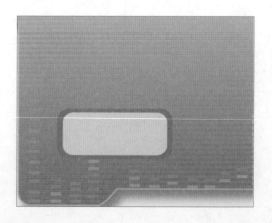

步骤 20 绘制完成后执行"效果>风格化>内发光"命令,弹出"内发光"对话框后设置"模式"为正常,"不透明度"为50%,"模糊"为3mm,勾选"边缘"复选框,参数设置和效果如下图所示。

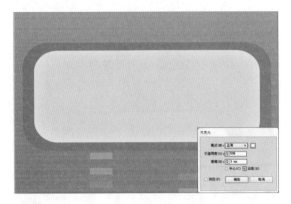

步骤 22 接下来在属性栏中设置"填充"为白色,使用"钢笔工具"绘制路径作为高光部分,如下图所示。

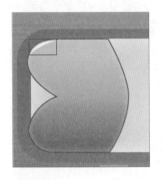

步骤 24 选中高光及图形部分,单击鼠标右键,执行"变换>对称"命令,弹出"镜像"对话框后设置"轴"为"垂直",单击"复制"按钮,将其复制并移动至合适位置,参数设置和效果如下图所示。

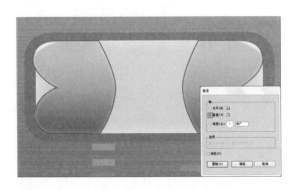

步骤 21 执行"窗口>渐变"命令,弹出"渐变"面板后设置"类型"为"线性","描边"为深棕色,"渐变颜色"为蓝色系渐变,参数设置如下图所示。单击工具箱中的"钢笔工具"按钮,绘制路径。完成后单击工具箱中的"渐变工具"按钮,在图形中调整渐变条,完成渐变,效果如下图所示。

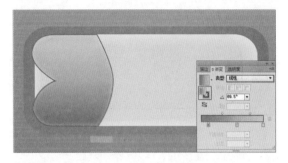

步骤 23 为了增加高光部分的真实感,执行"效果>模糊>高斯模糊"命令,弹出"高斯模糊"对话框后设置"半径"为2.3像素,参数设置和效果如下图所示。

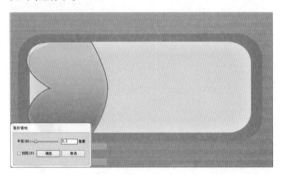

步骤 25 执行"窗口>渐变"命令,弹出"渐变"面板后设置"类型"为"线性","描边"为深棕色,"渐变颜色"为黄色系渐变,单击工具箱中的"圆角矩形工具",在画面中单击,然后设置"宽度"为47mm,"高度"为15.5mm,"圆角半径"为4.8mm。得到一个黄色渐变效果的圆角矩形,效果如下图所示。

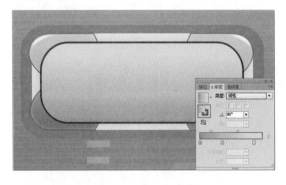

步骤 26 接着为画面添加文字。单击工具箱中的"文字工具" T 按钮，选择合适的字体以及字号，键入文字，效果如下图所示。

步骤 27 单击工具箱中的"画笔工具" ✐ 按钮，在属性栏中设置"填充"为无，"描边"为棕色，"描边粗细"为0.25pt，按住Shift键绘制水平线，如下图所示。

步骤 28 接着使用"钢笔工具"绘制路径，效果如下图所示。

步骤 29 绘制完成后在属性栏中设置其"不透明度"为50%，效果如下图所示。

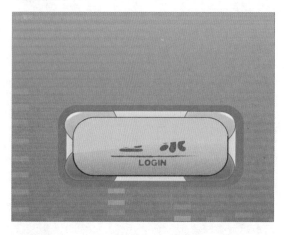

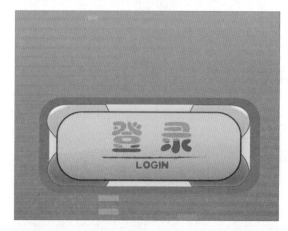

步骤 30 利用上述方法制作画面中其他部分，效果如下图所示。

步骤 31 制作完成后执行"文件>置入"命令，置入素材"1.ai"。然后单击属性栏中"嵌入"按钮，完成嵌入操作，最终效果如下图所示。

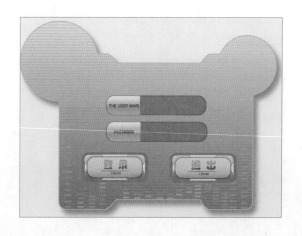

课后练习

1. 选择题

（1）调出"透明度"面板的快捷键是_____

    A. Ctrl+Shift+F8   B. Ctrl+Shift+F9

    C. Ctrl+Shift+F10   D. Ctrl+Shift+F11

（2）在"外观"面板中，以下哪个按钮是"添加新描边"按钮_____

    A. ▫   B. ▪

    C. *fx.*   D. ⊘

（3）以下那个选项不是"透明度"面板中的功能？_____

    A. 混合模式   B. 不透明度

    C. 不透明度蒙版   D. 图形样式

2. 填空题

（1）在"不透明度蒙版"中，黑色表示_____，白色表示_____，不同程度的灰色代表_____。

（2）在"透明度"面板中设置"不透明度"的参数，值越_____，图像越透明。

（3）若要删除不透明蒙版，则在"透明度"面板菜单中执行_____命令。

3. 上机题

    在本案例中，主要使用绘制工具绘制图形，然后利用"透明度"面板降低其不透明度。接着使用文字工具键入文字并添加相应的素材，案例的最终效果如下图所示。

01
02
03
04
05
06
07
外观与样式
08
09
10
11
12

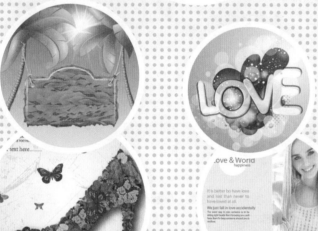

02
PART

综合案例篇

综合案例篇共包含5章内容，对Illustrator CC的应用热点逐一进行理论分析和案例精讲，完整地讲解了5个大型案例的制作流程和操作技巧，实用性强。使读者学习后，真正达到学以致用的效果。

08　DM设计

09　网页设计

10　书籍装帧设计

11　包装设计

12　导向设计

本章概述

DM广告是现在比较常见的广告形式，由于DM广告的传播方式较为特殊，所以其广告的展现形式也与其他类型的广告有所不同。在本章中将对DM广告设计的相关知识进行讲解。

8.1 行业知识导航

随着社会的发展，为了迎合消费者的审美需求，DM广告的形式也越来越多样化，这也对设计师提出了更高的要求，本节就来认识一下什么是DM设计。

8.1.1 认识DM

DM是Direct Mail advertising的简称，意思为"直接邮寄广告"，即通过邮寄、赠送等形式，将宣传广告送到消费者手中、家里或公司所在地。DM广告在生活中随处可见，通常情况下在商场、促销活动、展会现场等场合直接派发给消费者。DM广告具有低成本、高认知度等优点，是很多商家用来宣传的重要手段。DM广告的投递方式多种多样，能满足各种覆盖需求，主要方式有：邮寄、报刊夹页、上门投递、街头派发、店内派发等等。

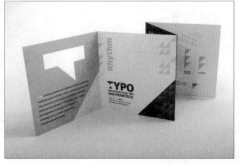

8.1.2 常见的DM形式

DM广告的形式很多，例如传单、信件、产品目录、折页、名片、挂历、宣传册、优惠券、杂志等多种，如下图所示。

从设计形式上来分，DM广告可以分为以下几种：

- **DM传单**：例如宣传单页、折页、推销信等，用于提示商品、活动介绍和企业宣传等。
- **DM画册**：例如产品目录、企业刊物、促销画册等，画册形式的DM可更加系统全面地展示产品。
- **DM卡片**：例如明信片、贺年片、邀请卡、企业介绍卡等。

8.1.3 DM广告的设计原则

DM广告作为商业宣传的重要媒介，对于商家而言DM广告的功能至关重要，在DM设计过程中需要遵循以下三大原则：

1. 诱翻原则

DM广告封面是很重要的部分，起到吸引受众和介绍自己的作用。所以DM广告封面的设计应该具有强烈的吸引力，吸引受众进行翻阅。

2. 连贯、简洁原则

DM是一个整体的设计，设计师在设计过程，要注意画面整体的连贯性，但是每个版面又是相对独立的。所以在设计中必须要保证版面的干净、整洁，还要保证画面的风格统一。

3. 可读性原则

DM广告设计过程中，应该让受众产生需求心理，有好感。让受众接受并进行阅读，才能达到广告传递的作用。

8.2 休闲食品三折页DM广告

案例文件

休闲食品三折页DM广告.ai

视频教学

休闲食品三折页DM广告.flv

步骤 01 执行"文件>新建"命令，在弹出的"新建文档"对话框中设置"大小"为A4，"取向"为横向后，单击"确定"按钮，具体参数设置如下图所示。

步骤 02 执行"视图>标尺>显示标尺"命令，显示出标尺，并在左侧标尺上按住鼠标左键，向文档中添加两条辅助线，将画面分割为三个部分，如下图所示。

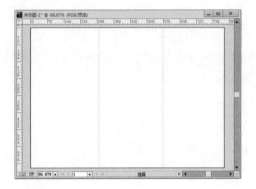

步骤 03 执行"文件>置入"命令，置入素材"1.jpg"，单击属性栏中的"嵌入"按钮，完成素材的置入操作。接着调整素材"1.jpg"的大小。将鼠标放到素材定界框的控制点，按住Shift键同时向外拖曳控制点，将其等比例放大至合适大小，如下图所示。

步骤 04 接着单击工具箱中的"矩形工具" ▣ 按钮，在画板的上方绘制一个矩形，如下图所示。

步骤 05 使用"选择工具" ▶ 同时选中矩形与素材"1.jpg"，执行"对象>剪贴蒙版>建立"命令，效果如下图所示。

步骤 06 首先设置填充为"渐变"，打开"渐变"面板后，设置"类型"为"径向"，"颜色"为黄色系渐变，然后单击工具箱中的"矩形工具" ▣ 按钮，在画板的左上角绘制一个矩形，参数设置和效果如下图所示。

步骤 07 选中矩形，在属性栏中设置其"不透明度"为60%，效果如下图所示。

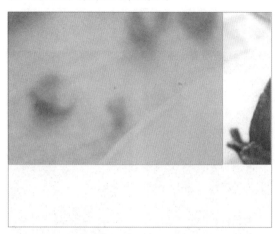

步骤 09 执行"窗口>渐变"命令，打开"渐变"面板，在其中编辑一个青色系渐变，设置"类型"为"线性"。使用"钢笔工具" 绘制一个多边形，如下图所示。

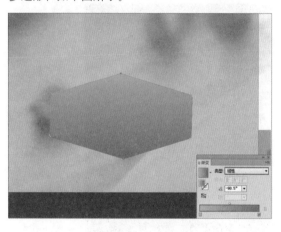

步骤 11 执行"文件>置入"命令，置入素材"2.ai"，如下图所示。

步骤 08 使用"矩形工具"绘制出其他矩形，如下图所示。

步骤 10 绘制完成后，使用"转换锚点工具" 将角点转换为平滑点，效果如下图所示。

步骤 12 接着单击工具箱中的"文字工具" 按钮，选择合适的字体及字号，键入文字，如下图所示。

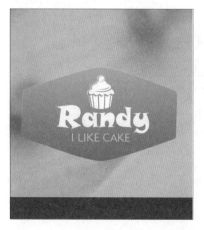

步骤 13 执行"文件>置入"命令，置入素材"3.jpg"，调整其大小，如下左图所示。单击工具箱中的"椭圆工具" ◎ 按钮，在相应位置按住Shift键绘制一个正圆，如下右图所示。

步骤 14 将圆形与素材"3.jpg"同时选中，执行"对象>剪贴蒙版>建立"命令。此时圆形以外的位图部分被隐藏，效果如下左图所示。继续使用"椭圆工具"绘制一个绿色的正圆，如下右图所示。

步骤 15 单击工具箱中的"文字工具" T 按钮，设置合适的字体和字号并键入文字，如下图所示。

步骤 16 利用上述方法制作画面中其它部分，效果如下图所示。

步骤 17 然后制作画面左侧部分的图片和文字后，选中这几部分，如下图所示。

步骤 18 利用"编辑>复制"和"编辑>粘贴"命令，粘贴出另外几组，最终效果如下图所示。

Chapter 09 网页设计

本章概述

随着科技的发展，网络从无到有，网页设计也经历着"从粗到精"的过程，目前网页设计也逐渐成为了设计行业的一个重要分支。现如今，网页的要求早已不再满足于最初的"功能性"需要，逐渐转变为功能与审美并重的产物。

9.1 行业知识导航

网页设计是网站页面的美化工作，以网页宣传的目的、受众人群等方面为出发点，对网页中的颜色、字体、图片、样式进行视觉上的美化，甚至加入听觉感官的体验，以达到在网络上展示、宣传的作用。这个环节工作质量的优劣，直接决定着网站最终的视觉效果。

9.1.1 认识网页设计

"网页"就是构成网站的基本元素，每个网页都需要承载着各种各样的功能和信息，网页设计工作就是将这些功能和信息呈现在网页上。网页设计基本的核心元素包括文字和图像，文字是人类最基础的表达方式，也是重要的信息传递手段。但只文字的页面未免太过枯燥，而图形图像在装饰页面的同时也能够起到信息传达的作用。除此之外，网页的元素还包括动画、音乐、程序等，如下图所示。

网页作为一种比较特殊的视觉表现形式，在版面结构上与传统的纸媒有很大的区别。通常情况下网页是由多种元素构成，如右图所示。

- **网页页眉**：网页页眉是指页面顶端的部分，常用于放置网站标志、网站的宗旨、宣传口号、广告标语等。
- **网站标志**：网站的标志不仅用于展现网站特性、区别于其他网站，更主要的用途是与其他网站的链接。

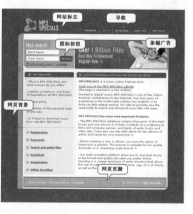

- **导航**：导航条是一组超级链接，方便用户访问网站内部各个栏目。导航栏一般由多个按钮或者多个文本超级链接组成。
- **网页页脚**：网页的页脚位于页面的底部，通常用来标注站点所属公司的名称、地址、网站版权、邮件地址等信息。
- **条幅广告**：一般位于网页上部，用来宣传站内的活动或栏目，可以是静态图像也可以是GIF动画。
- **图标按钮**：是存在于网页各个部分与用户产生交互的按钮。
- **网页背景**：用来装饰和美化网页，使网页中的内容更加饱满。

9.1.2　网页的常用版式

网页的版式在很大程度上能够左右网页的整体风格倾向，不同类型的网站往往采用不同的版式。网页的版式有很多种，一般分为骨骼型、满版型、分割型、对称型、中轴型、曲线型、倾斜型、焦点型、三角形、自由型等。例如企业官方网站常采用"满版型"的首页版面，而很多艺术类网站则采用不拘一格的"自由型"版面。

- **骨骼型**：骨骼型的版式在平面设计中较为常见，是一种规范、严谨、理性的分割方法。常见的骨骼有竖向通栏、双栏、三栏、四栏和横向的通栏、双栏、三栏和四栏等，一般以竖向分栏为多，如下左图所示。
- **满版型**：满版型的版式是将图像充满整个页面，主要以图像为诉求点，同时可以在图像上添加少量文件。这种网页版式视觉冲击力强，通常给人一种舒展、大方的视觉印象，如下右图所示。

- **分割型**：把整个页面分成上下或左右两部分，分别安排图片和文字。图案用来装饰网页，文字用来说明内容，二者要相互协调，营造出自然、和谐的视觉效果，如下左图所示。
- **对称型**：在各个艺术类领域，对称是最基本的形式美法则。对称的网页版式给人一种稳定、严谨、庄重、理性的视觉感受，如下右图所示。

- **中轴型**：沿浏览器窗口的中轴将图片或文字作水平或垂直方向的排列。水平排列的页面给人稳定、平静、含蓄的感觉；垂直排列的页面给人以舒畅的感觉，如下左图所示。
- **曲线型**：曲线给人一种温柔、浪漫的视觉感受，曲线型的网页版式是将图片、文字在页面中进行曲线分割或编排构成的版面，能产生一种韵律与节奏的美感，如下右图所示。

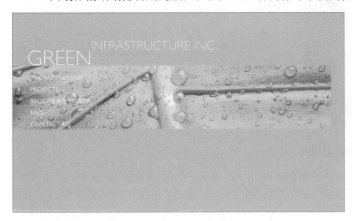 

- **倾斜型**：倾斜型的网页版式布局将图片和文字倾斜编排，给人一种动感视觉感受，如下左图所示。
- **焦点型**：焦点型的网页版式通过对视线的诱导，使页面具有强烈的视觉效果，如下右图所示。

- **三角形**：三角形的网页版式也非常常见，如果是正三角形给人一种稳定的感受，如果是倒三角型则给人一种危险、动感的视觉感受，如下左图所示。
- **自由型**：自由型的网页版式在设计时不拘一格，通常给人一种充满创造力的感受，如下右图所示。

> **提示** 以上版型都是常见而典型的网页版型，在网页设计版型的选择中并不一定局限于以上版型，很多时候网页版面的编排可能会用到多种版型进行融合，从而创造一种合适的表现方式。

9.2 餐厅网站首页

案例文件

餐厅网站首页.ai

视频教学

餐厅网站首页.flv

步骤 01 执行"文件>新建"命令，弹出"新建文档"对话框后设置"宽度"为361mm，"高度"为271mm，"取向"为横向，参数设置如下图所示。

步骤 02 单击"确定"按钮，即可创建一个空白的新文档，效果如下图所示。

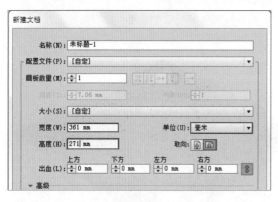

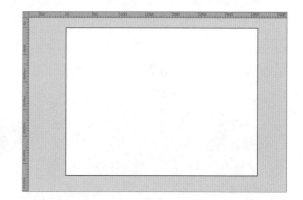

步骤 03 执行"文件>置入"命令，置入素材"1.jpg"，单击属性栏中的"嵌入"按钮，完成素材的置入操作。接着按住Shift键拖曳控制点，使之等比例放大，如下图所示。

步骤 04 单击工具箱中的"钢笔工具" 按钮，在属性栏中设置"填充"为深蓝色，描边为无，绘制一个梯形，如下图所示。

步骤 05 继续使用"钢笔工具"在画面右下角绘制一个小一些的深蓝色三角形，如下图所示。

步骤 06 同样使用钢笔工具绘制画面左上角的两层三角形，如下图所示。

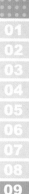

步骤07 单击工具箱中的"椭圆工具" 按钮，接着在属性栏中设置填充为无，"描边"为深蓝色，"描边粗细"为5pt，在需要绘制正圆形的位置单击，弹出"椭圆"对话框后设置"宽度"为44mm，"高度"为44mm，单击"确定"按钮得到一个圆形，参数设置和效果如下图所示。

步骤08 使用"椭圆工具"绘制正圆形，在属性栏中设置"填充"为米黄色，在画面中单击，在弹出的对话框中设置"宽度"为40mm，"高度"为40mm，参数设置和效果如下图所示。

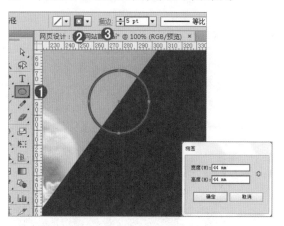

步骤09 执行"文件>置入"命令，置入素材"2.jpg"，单击属性栏中的"嵌入"按钮，完成嵌入操作，如下图所示。

步骤10 接着使用"椭圆工具"绘制正圆形，在"椭圆"对话框中设置"宽度"为38mm，"高度"为38mm，参数设置和效果如下图所示。

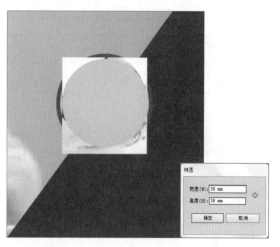

步骤11 使用"选择工具"选中路径与素材"2.jpg",执行"对象>剪贴蒙版>建立"命令,效果如下图所示。

步骤12 利用相同方法制作其他部分,效果如下图所示。

步骤13 接下来为画面添加文字。单击工具箱中的"文字工具" **T** 按钮,选择合适的字体以及字号,键入文字,如下图所示。

步骤14 接着选中文字进行旋转,单击工具箱中的"钢笔工具"按钮,在属性栏中设置"填充"为无,"描边"为灰色,"描边粗细"为3pt,绘制文字之间的连接线,如下图所示。

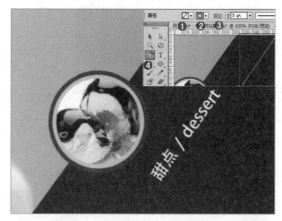

步骤15 同样的方法制作另外几组圆形按钮,如下图所示。

步骤16 继续执行"文件>置入"命令,置入素材"10.ai",摆放在画面右下角,如下图所示。

中文版Illustrator CC艺术设计精粹案例教程

步骤 17 单击工具箱中的"钢笔工具"按钮,在属性栏中设置填充颜色为深蓝色,描边为无。在页面左上角绘制一个平行四边形,效果如右图所示。

步骤 18 选中绘制好的平行四边形,使用"选择工具",按住Alt键并拖动光标,进行移动复制,复制出另外几个平行四边形,摆放在合适位置上,如右图所示。

步骤 19 最后使用"文字工具",在属性栏中设置合适字体以及字号,在各个平行四边形中键入相应的按钮文字,最终效果如右图所示。

本章概述

书籍是知识传播、文化交流的重要载体。随着人类文明的不断进步，人们不仅关心书籍的内容，对书籍的外观也提出了更高的要求。一本完美的书籍，不仅要内容充实，还要有个性的封面和精美的版式，这样才能让读者更加享受阅读的过程。

10.1 行业知识导航

　　"书籍设计"是一个比较大的概念，其范围覆盖书籍的稿件策划编写，到最后呈现出实体书整个流程的方方面面。而书籍的装帧是书籍设计中重要的组成部分，装帧设计不仅承载着书稿"实体化"的任务，更肩负着美化书籍、吸引读者的重任。

10.1.1 书籍的组成部分

　　书籍的装帧设计不单单是封面设计和内容的版式设计，而且从书籍文稿到成书出版的整个设计过程。在这个流程中，书籍开本的选择、装帧的形式、外观的设计、版面的设计、纸张的选择等都属于书籍装帧。

　　一般来说，书籍包括书脊、堵头、折口、封面、天头、环衬、封底、切口、书脚等，如下左图所示。书籍内页的结构包括页眉、眉线、内白边、外白边、天头、地脚、版心、订口、页码等，如下右图所示。

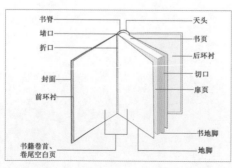
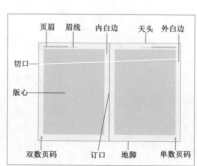

10.1.2 常见的书籍开本

在进行书籍设计时，经常会听到"16开本的书籍"、"32开本的书籍"的说法，这里的"开本"是指书刊幅面的规格大小。开本有统一的标准，所以全国各地同一开本的图书，规格都是一样的。"开"的概念是指一张全开的印刷用纸裁切成多少页，也用来表示图书幅面的大小。例如16开指的是全开纸被开切成16张纸。下图为常见的16开、32开、64开的书籍比例的对比效果。

10.1.3 书籍的装订方式

图书的装订是指用不同装帧材料和装订工艺制作的图书所呈现的外观形态，常见的书籍的装订方式有平装、精装、活页装和散装装订。

- **平装**：平装书是最普遍采用的一种装订方式，因为成本比较低廉，适用于篇幅少、印数较大的书籍。平装书常见的装订方式有：骑马订、平订、锁线胶订、无线胶订。

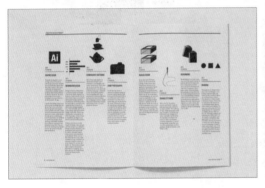

- **精装**：精装封面的构成比平装复杂，主要是书皮，书背中条、硬纸板三个部分组成。在装订作业流程中，要经过折纸、拣页、穿线、书背上胶、三面裁切、敲圆背（圆背精装用）、固背衬饰、套合封面、压勾等步骤才能完成。所以精装书的造价比较高，适用于长期保存。

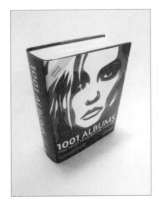

- **活页装**：活页装适用于需要经常抽出来，补充进去或更换使用的出版物，其装订方法常见的有穿孔结带活页装和螺旋活页装。

- **散装装订**：散装装订是将零散的印刷品切齐后，用封袋、纸夹或盒子装订起来。主要用于造型艺术作品、摄影图片、教学图片、地图、统计图表等。

 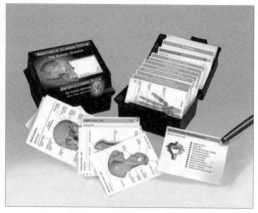

10.2 现代风格书籍封面设计

案例文件

现代风格书籍封面设计.ai

视频教学

现代风格书籍封面设计.flv

步骤 01 执行"文件>新建"命令，弹出"新建文档"对话框后设置"大小"为A4，"取向"为竖向后，单击"确定"按钮，具体参数设置如下图所示。

步骤 03 继续使用"矩形工具" ▣，在属性栏中设置"填充"为白色，在要绘制矩形的位置单击，弹出"矩形"对话框后设置"宽度"为20cm，"高度"为8.5cm，参数设置和效果如右图所示。

步骤 04 接着执行"文件>置入"命令，置入素材"1.jpg"，单击"嵌入"按钮，完成嵌入操作。接着使用选择工具选中素材"1.jpg"，按住Shift键拖曳控制点将其等比例放大。继续置入素材"2.png"，单击"嵌入"按钮，完成"嵌入"操作。接着使用选择工具选中素材"2.png"，按住Shift键同时拖曳控制点，再将其缩放旋转并摆放至合适位置。

步骤 05 下面我们将为画面添加文字。单击工具箱中的"文字工具" T 按钮，选择合适的字体以及字号，在画面中单击并输入文字。单击右键执行"创建轮廓"命令。执行"窗口>渐变"命令，显示出"渐变"面板。设置"类型"为"线性"，"颜色"为绿色系渐变，参数设置和文字效果如右图所示。

步骤 02 单击工具箱中的"矩形工具" ▣按钮，在属性栏中设置"填充"为灰色，绘制与画板同样大小的矩形，如下图所示。

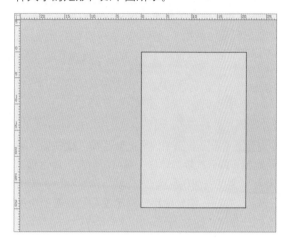

步骤 06 下面使用"钢笔工具"绘制分割线。单击工具箱中的"钢笔工具" 🖊 按钮，在属性栏中设置"填充"为无，"描边"为灰色，"描边粗细"为2pt，接着在文字的右侧按住Shift键绘制一条分割线。接着为画面添加其他文字，如右图所示。

步骤 07 单击工具箱中的"椭圆工具" ⬭ 按钮，在要绘制正圆形的地方单击，弹出"椭圆"对话框，设置"宽度"为0.3cm，"高度"为0.3cm，单击"确定"按钮。接着使用"钢笔工具"在圆形中央绘制三角形，如右图所示。

步骤 08 将绘制好的图形进行复制，并摆放在文字左侧。执行"文件>置入"命令，置入素材"3.png"，单击"嵌入"按钮，完成"嵌入"操作，效果如右图所示。

步骤 09 接着为素材"3.png"添加投影效果。执行"效果>风格化>投影"命令，弹出"投影"对话框后设置"模式"为正片叠底，"不透明度"为85%，"X位移"为1.4mm，"Y位移"为1.7mm，"模糊"为0.4mm，"颜色"为黑色，最终效果如右图所示。

提示 为前景元素添加"投影"效果不仅可以增强该元素的立体感，更能够使前景元素与背景拉开距离。

中文版Illustrator CC艺术设计精粹案例教程

Chapter **11** 包装设计

本章概述

在现代社会中，包装的作用已经不再只是包裹住商品的那层"保护壳"，它还要具有美观、实用、吸引顾客、方便运输等特点。所以包装不仅要具有商品性，还要具有艺术性。在本章中主要来讲解包装设计的相关知识。

11.1 行业知识导航

包装的最初目的是保护商品，但现如今包装被赋予了更多意义，包装与商品已融为一体。包装设计是一门综合性学科，具有实用和艺术相结合的双重作用。包装设计在生产、流通、销售和消费领域中，发挥着极其重要的作用，是社会各界都关注的重要课题。

11.1.1 认识包装设计

包装的基本功能是保护商品、传达商品信息、方便使用、方便运输、促进销售、提高产品附加值。包装设计一般包括包装容器造型设计、包装装潢设计、包装结构设计三个方面。以形态分类可分为：工业包装和商业包装两大类，商业包装又称为销售包装。下图为优秀的包装设计作品。

11.1.2 包装的设计原则

包装设计将产品的保护与美化融为一体，所以在设计过程中需要遵循一定的原则。

1. 商业性原则

包装是产品促销的重要手段，精美的包装能够瞬间迅速吸引住消费者的视线，从而导致消费者进一步判断和增强购买欲。通常包装设计会利用色彩、图案、商标和文字等一切视觉表现手法，创立一种具有强烈视觉冲击力的包装形态。

2. 科技型原则

包装设计与现代人的消费观、生活方式都息息相关，所以包装要尽量采用先进的科学技术和新材料、新工艺，从而使设计具有先进性和时代感。这样才能设计出符合当代人消费要求与引导市场潮流的新包装。

3. 人性化原则

包装设计要做到以人为本，因为包装是服务于消费者的，人性化的设计才能让消费者产生好感，从而起到促销的目的。

4. 广告性原则

包装是塑造商品与企业形象的重要组成部分，是企业营销中最经济有效的广告宣传与竞争工具。精美的包装设计不仅自身具有促销、吸引顾客的作用，还可以利用包装的广告传播力为企业扩大市场服务。

11.1.3　包装的基本构成部分

产品的包装往往由很多内容构成，但每个包装所包含的基本元素无外乎商标、图形、文字和色彩。在设计过程中只有将这四种视觉要素运用得正确、恰当、美观、合理，才能组成一个优秀的设计作品。

1. 商标设计

产品的商标是受到法律保护的，它是独一无二的存在着。在包装上印有商标，消费者可以根据商标去选择自己喜欢的品牌，这样包装才能够获得更长久的市场效应。

2. 图形设计

图形设计主要是指包装的各色图案设计，对于包装的图形设计，丰富的内涵和设计意境在简洁的图形中尤为重要，所以图案设计通常在包装上占着举足轻重的地位。

3. 色彩设计

色彩是消费者对包装最基本的印象，在包装设计中也不例外。通常包装中的颜色要具有代表性，能让消费者产生联想。例如辣椒酱的包装通常采用红色调，因为可以让消费者联想到火辣、刺激的口感；巧克力的包装通常采用深褐色，因为可以让消费者联想到巧克力丝滑的口感。

4. 文字设计

文字即能传递信息，还可以作为图形辅助画面效果。在包装设计中文字通常包括两个部分：品牌文字和说明文字。品牌文字通常要美观、生动并具有良好的识别性；而说明文字则要注意简明扼要、整齐划一。

11.2 盒装食品包装设计

案例文件

盒装食品包装设计.ai

视频教学

盒装食品包装设计.flv

步骤 01 执行"文件>新建"命令，创建一个新文档。首先绘制包装盒的正面，单击工具箱中的"矩形工具"按钮，在需要绘制矩形的位置单击，弹出"矩形"对话框后设置"宽度"为104mm，"高度"为140.5mm。参数设置和效果如下图所示。

步骤 02 执行"窗口>渐变"命令，打开"渐变"面板，在"渐变"面板中设置"类型"为"线性"，然后编辑一个蓝色系渐变，如下左图所示。效果如下右图所示。

步骤 03 执行"文件>置入"命令，置入素材"1.jpg"。单击属性栏中的"嵌入"按钮，完成嵌入操作。接着调整素材"1.jpg"至合适大小。选中素材"1.jpg"，执行"窗口>透明度"命令，弹出"透明度"面板后设置"模式"为"颜色加深"，"不透明度"为50%。参数设置和效果如下图所示。

步骤 04 单击工具箱中的"钢笔工具"按钮，绘制一个闭合的图形，在属性栏中设置"填充"为蓝色。接着选中绘制好的图形，使用快捷键Ctrl+C进行复制，再使用快捷键Ctrl+V将其粘贴并摆放至合适位置。选中新图形，在属性栏中设置"填充"为深蓝色，效果如下图所示。

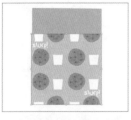

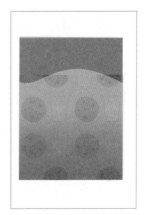

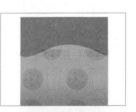

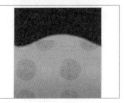

步骤 05 单击工具箱中的"椭圆工具"◎按钮，在需要绘制椭圆的位置单击，弹出"椭圆"对话框后设置"宽度"为22mm，"高度"为12.5mm。单击"确定"按钮，在属性栏中设置"填充"为浅灰色，接着选中椭圆，使用快捷键Ctrl+C将其复制，再使用快捷键Ctrl+V将其粘贴。然后将新椭圆填充为淡棕色并摆放至合适位置，参数设置和效果如右图所示。

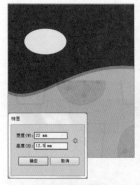

步骤 06 使用相同方法复制并粘贴椭圆，在属性栏中设置其"填充"为无，"描边"为棕色，"描边粗细"为1pt。单击工具箱中的"文字工具" T 按钮，选择合适的字体以及字号，键入文字，如右图所示。

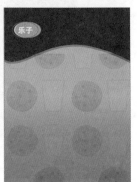

步骤 07 执行"文件 > 置入"命令，置入素材"2.jpg"。单击"嵌入"按钮，完成嵌入操作。接着使用"钢笔工具"沿着素材"2.jpg"中主体的轮廓绘制路径，如右图所示。

步骤 08 完成后同时选中路径与饼干素材"2.jpg"，执行"对象 > 剪贴蒙版 > 建立"命令。然后选中饼干素材，执行"效果 > 风格化 > 投影"命令，弹出"投影"对话框后设置"模式"为"正片叠底"，"不透明度"为61%，"X位移"为1mm，"Y位移"为1mm，"模糊"为1.76，"颜色"为黑色。参数设置和效果如右图所示。

步骤 09 接下来再次置入素材"2.jpg"，使用"钢笔工具"绘制路径。利用上述方法建立剪贴蒙版，然后为其制作投影。利用相同方法制作另一部分的饼干，效果如右图所示。

步骤 10 置入素材"3.jpg"，使用"钢笔工具"沿勺子轮廓绘制路径。绘制完成后为其建立剪贴蒙版，调整其大小并摆放至合适位置，如下图所示。

步骤 11 使用"选择工具"选中勺子，多次使用快捷键Ctrl+[，将其下移至合适位置，效果如下图所示。使用"钢笔工具"绘制产品名称的底色形状，然后在"渐变"面板中设置"类型"为"线性"，"颜色"为蓝色系渐变。此时图形上出现了渐变，参数设置和效果如下图所示。

步骤 12 利用上述方法将绘制好的形状复制粘贴，然后选中复制出来的路径，按住Shift同时拖曳其控制点将其等比例缩放。再在属性栏中设置其"填充"为深蓝色，效果如下图所示。

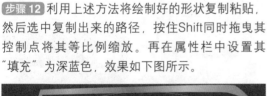

步骤 13 单击工具箱中的"文字工具" [T] 按钮，选择合适的字体以及字号，键入文字，如下图所示。

步骤 14 单击工具箱中的"椭圆工具"   按钮,再在左侧饼干的附近绘制一个正圆,在属性栏中设置"填充"为绿色。然后在其上方绘制一个白色的正圆,如右图所示。

步骤 15 接下来添加路径文字。单击工具箱中的"路径文字工具" 按钮,选择合适的字体以及字号后在正圆形上单击,键入文字。接着选中文字,执行"文字>路径文字>路径文字选项"命令,弹出"路径文字选项"对话框后设置"效果"为"彩虹效果","对齐路径"为"基线"。参数设置如右上图所示。使用同样的方法制作另一处文字,效果如右图所示。

步骤 16 单击工具箱中的"钢笔工具"按钮,绘制路径。利用上述方法制作出其他部分,效果如右图所示。

步骤 17 接下来制作包装平面图中的其他部分。单击工具箱中的"圆角矩形工具"  按钮,在需要绘制圆角矩形的位置单击,弹出"圆角矩形"对话框后设置"宽度"为104mm,"高度"为104mm,"圆角半径"为11mm。单击工具栏中的"刻刀" 按钮,按住Alt键水平切割。切割完成后选中下半部分,按下Delete键删除这部分。参数设置和效果如右图所示。

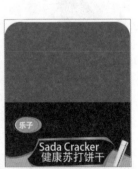

步骤 18 利用上述方法制作其他部分。制作完成后选中包装盒右图所示的部分。

步骤 19 然后单击鼠标右键执行"变换>对称"命令，弹出"镜像"对话框后设置"轴"为"垂直"，单击"复制"按钮完成变换。再将其移动至合适位置，效果如下图所示。

步骤 21 使用"选择工具"选中包装盒顶部的文字，单击鼠标右键执行"创建轮廓"命令。再选中包装盒顶部全部内容，使用快捷键Ctrl+G，将其群组。保持选中状态，单击工具箱中的"自由变换工具" 按钮，选择"自由扭曲"选项 。接着使用鼠标拖曳包装盒顶部的控制点，进行透视变形。使用相同方法制作包装盒的侧面，效果如右图所示。

步骤 22 为了使包装盒看起来更加具有真实感，下面为包装盒制作阴影。使用"钢笔工具"绘制路径，选中路径执行"效果>风格化>投影"命令，弹出"投影"对话框后设置"模式"为正片叠底，"不透明度"为75%，"X位移"为1mm，"Y位移"为1mm，"模糊"为1.76mm，"颜色"为黑色。参数设置和效果如右图所示。

步骤 23 接着选中路径，多次使用快捷键Ctrl+[，将其后移至合适位置。最后选中包装盒将其复制粘贴，调整大小并摆放至合适位置，最终效果如右图所示。

步骤 20 接下来制作立体效果的包装盒。单击工具箱中的"画板工具" 按钮，用鼠标在画面中拖曳出一个矩形画板。接着使用"矩形工具"绘制一个与画板等大的矩形并填充灰色系渐变。然后选中包装盒的正面将其复制到新画板中，如下图所示。

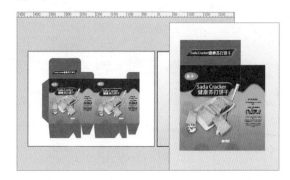

本章概述

在目前世界范围内导向设计都得到了广泛的应用，生活中随处都需要导向设计。导向设计可以引导人们的出行，规范人们的活动范围，为人们提供便利。对于设计师而言，导向不是孤立存在，而是整合品牌形象、建筑景观、交通节点、信息功能，甚至媒体界面的系统化设计。

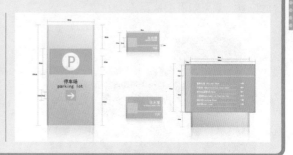

12.1　行业知识导航

广义上来讲，导向设计（Orientierungs sevetem）可以包括一切用来传达空间概念的视觉符号以及表现形式。从狭义上来说，导向设计主要起到两方面作用：从视觉传达角度研究指明方向或区域的图形符号，以及从环境设计的角度来研究定义符号在环境空间中的表现方式。所以，导向设计往往是视觉传达和环境设计两个专业交叉的产物。

12.1.1　认识导向设计

导向设计在生活中并不陌生，它已广泛应用在现代商业场所、公共设施、城市交通、社区等各个地方。导向系统来自英文Sign，有信号、标志、说明、指示、痕迹、预示等含义，现在已开拓成为一门完整学科。导向设计不仅向使用者传递指示的信息，让使用者迅速分辨出自己所在的位置或找到自己所想找到的位置，更重要的是要在视觉上给人一种美感。

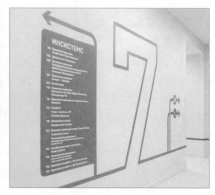

12.1.2　导向系统的设计原则

一套完整的导向系统不仅要易于识别、精确导向，还应具有区域风格明显、设计风格统一等特点。所以在设计导向时，要抓住以下几点原则。

- **指引性**：可以指引人们通过导向系统到达目的地。
- **准确性**：能够准确的引导人们到达目的地。
- **易识性**：导向系统中的各种指示要醒目、清晰，易于被用户识别。
- **科学性原则**：导向系统应在遵循人机工学、心理学、美学等科学的理论系统基础上进行设计。
- **一致性原则**：导向系统在空间中的设计风格、规格、色彩、材料、造型、信息等方面要保持一致。

12.1.3　导向系统的基本组成部分

常见的导向系统包括三大部分：环境型导向系统、商业型导向系统、必备型导向系统。

● **环境型导向系统**：环境型导向系统是指通过对公共环境进行图形标识的提示，为人们提供导向功能。环境型导向系统主要包括公共交通环境、办公环境等。

● **商业型导向系统**：商业型导向系统是商家为了满足消费者而设立的，通过字体、色彩、图案、材质综合表现，向消费者展示企业品牌文化、吸引消费者，侧重于商业化的目的。

● **必备型导向系统**：必备型导向系统是由工程施工单位提供和安装，是最为基础却重要的导向系统。如紧急出口、消防设备等安全标识、交通导向系统、水电煤气等警示标识。必备型导向系统最大的特点是严谨，而且必备型导向系统的外观、色彩都会遵循严格的技术标准。

12.2　办公楼导向系统设计

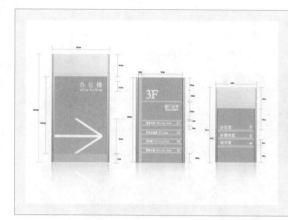

案例文件

办公楼导向系统设计.ai

视频教学

办公楼导向系统设计.flv

步骤 01 执行"文件>新建"命令，弹出"新建文档"对话框后设置"画板数量"为2，"排列"为竖向排列，"大小"为A4，"取向"为横向，单击"确定"按钮。执行"窗口>渐变"命令，打开"渐变"面板，在"渐变"面板中设置"类型"为线性，"渐变颜色"为灰色系渐变，参数设置如右图所示。

步骤 02 首先制作室外导向，选择工具箱中的"矩形工具" ，在需要绘制的位置单击，弹出"矩形"对话框后设置"宽度"为57.5mm，"高度"为105mm。矩形绘制完成后，使用"渐变工具" ，在对象上按住鼠标左键并拖动，调整渐变的角度。使用同样的方法在这个灰色矩形上方绘制一个稍窄的矩形并填充浅灰色渐变，效果如右图所示。

步骤 03 双击工具箱中的"混合工具" 按钮，弹出"混合选项"对话框后设置"间距"为"指定的步数"，值设置为100，"取向"为"对齐页面"，参数设置如右图所示。然后分别单击两个矩形，使两个矩形产生混合效果，此时导向的厚度效果就制作完成了，效果如右图所示。

步骤 04 继续使用"矩形工具"在灰色的矩形上方绘制一个绿色的矩形，如下左图所示。矩形绘制完成后，单击工具箱中的"文字工具" T 按钮，选择合适的字体以及字号，键入文字，如下右图所示。

步骤 05 接着添加方向箭头。首先使用"矩形工具"绘制一个横向的白色的矩形，如下图所示。

步骤 06 继续使用"矩形工具"在刚刚绘制的矩形的右侧绘制一个纵向的矩形，如下图所示。

步骤 07 接着使用"直接选择工具" ▷，选择上方的两个锚点，然后将其向左拖曳移动，此时顶部矩形变成平行四边形，效果如下图所示。

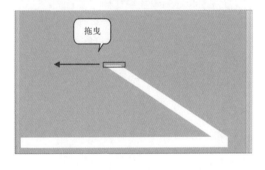

步骤 08 选中平行四边形，单击鼠标右键执行"变换>对称"命令，弹出"镜像"对话框后设置"轴"为"水平"，单击"复制"按钮。参数设置如下左图所示。再将复制出来的平行四边形向下移动，移动至合适位置，效果如下右图所示。

步骤 09 将导向内容全选，使用快捷键Ctrl+G将其编组后，单击鼠标右键执行"变换>对称"命令，弹出"镜像"对话框后设置"轴"为"水平"，单击"复制"按钮。再将复制出来的导向牌移动至合适位置，制作倒影效果。

步骤 10 为了使倒影看起来真实，接下来利用"不透明度"蒙版制作投影效果。在"渐变"面板中设置渐变"类型"为"线性"，"渐变颜色"为白色至黑色渐变，参数设置如下左图所示。再使用"矩形工具"绘制矩形，绘制出的矩形呈现出渐变效果。接着使用"渐变工具" ▦ 调整渐变的角度，效果如下右图所示。

步骤 11 加选被翻转的导向与矩形，执行"窗口>透明度"命令，弹出"透明度"面板后单击"制作蒙版"按钮，如下左图所示。此时倒影效果如下右图所示。

步骤 12 接下来为导向添加尺寸标注。首先在工具箱中设置"填充"为无，描边颜色为黑色，单击工具箱中的"钢笔工具"按钮，按住Shift键绘制水平和垂直的线条，如下左图所示。绘制完成后再使用"文字工具"添加尺寸数字，如下右图所示。

步骤 13 使用相同方法绘制其他尺寸，如下图所示。

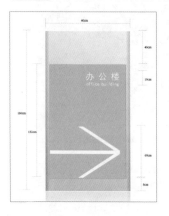

步骤 14 由于导向的其他部分都比较相似，接下来使用"复制"与"变换"的方法制作出楼层导向。首先选中导向牌的灰色部分，使用快捷键Ctrl+C复制，再使用快捷键Ctrl+V将其粘贴到旁边。接着使用"选择工具"选中银色部分的顶部向下拖曳将其缩放，如右图所示。

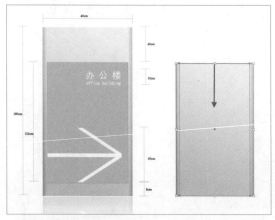

步骤 15 再选中导向牌的绿色部分，使用相同方法将其复制粘贴后调整其大小，如下图所示。

步骤 16 最后为其添加文字和其他所需部分，如下图所示。

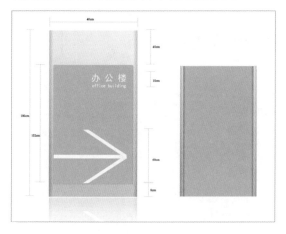

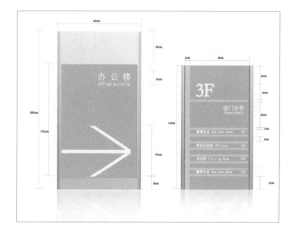

步骤 17 使用同样的方法制作其他的导向，案例完成效果如下图所示。

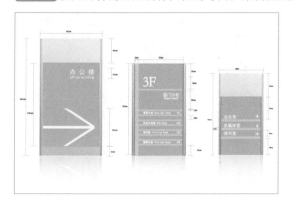

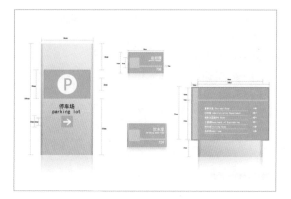

附录 课后习题参考答案

Chapter 01

1. 选择题

(1) A　　　　(2) C　　　　(3) ABCD

2. 填空题

(1) 文件>打印

(2) 缩放工具、抓手工具

(3) 置入

Chapter 02

1. 选择题

(1) D　　　　(2) A　　　　(3) C

2. 填空题

(1) Shift、Alt

(2) Alt

(3) 向上键、向下键

Chapter 03

1. 选择题

(1) A　　　　(2) C　　　　(3) D

2. 填空题

(1) 用变形建立、用网格建立

(2) Alt+Ctrl+Shift+V

(3) Ctrl+G、Ctrl+Shift+G

Chapter 04

1. 选择题

(1) D　　　　(2) B　　　　(3) C

2. 填空题

(1) 线性渐变、径向渐变

(2) Shift

(3) 色板

Chapter 05

1. 选择题

(1) B　　　　(2) D　　　　(3) A

2. 填空题

(1) 文字>文字方向

(2) Ctrl+T

(3) 文本绕排

Chapter 06

1. 选择题

(1) C　　　　(2) D　　　　(3) A

2. 填空题

(1) 外观

(2) 编组

(3) 波纹效果

Chapter 07

1. 选择题

(1) C　　　　(2) A　　　　(3) D

2. 填空题

(1) 透明、不透明、半透明

(2) 小

(3) 释放不透明蒙版